CRECER JUGANDO

JUEGOS Y EXPERIMENTOS CON EL COLOR, LA LUZ Y LA SOMBRA

MONIKA KRUMBACH

Ilustraciones de Kasia Sander

Cómo estimular en los niños

la curiosidad sobre los fenómenos ópticos

Mi agradecimiento a todas las personas que me han ayudado a ensayar los juegos
y las actividades, así como a revisar la exactitud de las informaciones preliminares de cada capítulo.
También las instrucciones contenidas en el texto se han analizado
y comprobado con detenimiento, pero obviamente la autora y los editores declinan toda garantía
o responsabilidad en relación con su puesta en práctica.

Título original: *Von Farbe, Licht und Schatten*
Publicado en alemán por Ökotopia Verlag, Münster

Traducción de J. A. Bravo

Diseño de cubierta: Valerio Viano

Ilustración de cubierta e interiores: Kasia Sander

Distribución exclusiva:
Ediciones Paidós Ibérica, S.A.
Mariano Cubí 92 - 08021 Barcelona - España
Editorial Paidós, S.A.I.C.F.
Defensa 599 - 1065 Buenos Aires - Argentina
Editorial Paidós Mexicana, S.A.
Rubén Darío 118, col. Moderna - 03510 México D.F. - México

ISBN: 84-9754-072-7
Depósito legal: B-25.365-2003

Impreso en Hurope, S.L.
Lima, 3 bis - 08030 Barcelona

Impreso en España - *Printed in Spain*

Índice

Introducción

Los primeros meses de vida del recién nacido están determinados casi exclusivamente por impresiones rudimentarias: el calor de la madre, el olor conocido, la sensación de hambre en el estómago. Pronto, sin embargo, aprende a diferenciar las voces de las distintas personas, desarrolla preferencias en cuanto a la alimentación y descubre, por medio de las manos, la boca y los oídos, nuevos y emocionantes aspectos de cuanto le rodea. Poco a poco empieza a percibir imágenes borrosas y aprende a distinguir colores y formas. Mucho más tarde comienza el proceso consciente y la elaboración de esas percepciones. Si no tuviéramos estos sentidos, la vista, el oído, el olfato, el gusto y el tacto, nunca llegaríamos a ponernos en comunicación con el mundo, ni podríamos orientarnos en nuestro entorno.

Con la edad cobra cada vez más importancia la percepción óptica, es decir el sentido de la vista. Es el que finalmente se erige como el principal y más utilizado, según suelen corroborar casi todas las personas adultas cuando se les pregunta al respecto. Toda nuestra civilización moderna se asienta en la superabundancia de mensajes ópticos, desde las modas de la indumentaria hasta la elección de los colores en la presentación de los alimentos para estimular el apetito, e incluso las señales de la circulación. Algunos de esos mensajes se captan e interpretan conscientemente, pero otros influyen sobre nuestros sentimientos por vía inconsciente.

Pero por otra parte, la percepción siempre es absolutamente subjetiva y está expuesta a muchas ilusiones sorprendentes, más aún en el terreno de los efectos ópticos. Determinadas condiciones de iluminación, ángulos de la visual, etcétera, distorsionan la sensación objetiva. Otras veces sucede que no nos fijamos bien y no captamos lo que hay sino a la segunda vez que miramos.

La luz se identifica con el sol; la luz natural es la diurna y el ciclo día-noche, luz-oscuridad determina la vida en la Tierra más que ningún otro; los vegetales y los animales prosperan al ritmo de los días y las estaciones. También las actividades humanas se ajustan espontáneamente al ciclo de referencia lunisolar. Las condiciones de luz ambiente influyen sobre nuestro comportamiento. En términos generales, la luz nos es necesaria para vivir, para despertar y sentirnos activos, para orientarnos. Pero la oscuridad y el sueño son imprescindibles para regenerar recursos. Precisamos de esa fase nocturna de recogimiento y descanso. Y además, en toda época la noche ha sido poderoso incentivo para la fantasía humana, y también los niños son sensibles a su magia: la cálida oscuridad que lo envuelve todo en su manto uniforme, bajo el cual se desvanecen los colores, al tiempo que invoca lo oculto, lo invisible, lo misterioso, invitándonos a descubrirlo y, en ocasiones, haciéndonos ver fantasmas.

Día, noche, es como decir luz y sombra. La claridad y la oscuridad, lo blanco y lo negro, representan los contrastes más elementales y más extremos. En nuestro mundo cada vez más multicolor y complejo, cuyos estímulos ópticos casi podría decirse que nos agobian, la ocasional reducción a los contrastes simples llega a ser relajante y terapéutica. Vamos aprendiendo al mismo tiempo que lo negro no es negro y tampoco lo blanco es blanco, ni en el sentido literal ni en el figurado. Por algo los teatrillos de sombras han sido tradicionalmente admirados en muchas culturas, y sirven para representar sentimientos indescriptibles y mundos ambiguos mucho mejor que otros medios más modernos. En los espejos encontramos otra fuente de innumerables sugerencias para la experimentación óptica, ya que ellos nos presentan todas las cosas bajo un aspecto desusado, no habitual. Por último, donde hay luz y se forman sombras la vista reclama la presencia de los colores. Que también son señales transmisoras de mensajes importantes.

Este libro trata precisamente de todos esos fenómenos abstractos, no siempre intuitivos a primera vista. Unas sencillas actividades van a descubrirnos la infinita variedad de las posibilidades ofrecidas a la percepción. Los juegos servirán para que los niños vivan diferentes maneras de ver las cosas. Por medio de experimentos sencillos, pero interesantes, los invitamos a ocuparse de una manera práctica. La observación les hará comprender que los fenómenos marginales y las ilusiones de los sentidos forman parte de la cotidianeidad normal y obedecen a unas leyes explicables. Al mismo tiempo se les enseña que no basta la mirada para orientarse en el mundo, sino que han de contribuir a ello todos los sentidos en armonía.

El temario es amplio, pero se facilita su asimilación repartiéndolo en capítulos. En éstos partimos de las experiencias fundamentales. Cada sección se inaugura con una información general, expuesta de manera que sea fácil simplificarla para transmitirla a los pequeños. Las preguntas y las observaciones cotidianas de los niños proporcionan el incentivo para pequeños experimentos, en los que se practica la fijación sistemática de la atención. Se proponen sencillos juegos e ideas de construcción que aportan estímulos ópticos fuertes e introducen los temas de manera espontánea, sin forzar la capacidad de los participantes.

Este libro puede manejarse de dos maneras: en busca de sugerencias para acciones individuales, o integrando partes del mismo en otras temáticas que estén de actualidad en el grupo. El centro de interés «visión» también puede organizarse como unidad que abarque varias jornadas. Salvo escasas excepciones, se ha procurado dar versiones sencillas de las propuestas —por ejemplo, los juegos de sombras— de modo que puedan realizarse de manera espontánea y sin demasiados requisitos técnicos. Los materiales, por ejemplo, han de conseguirse con facilidad, o hallarse ya disponibles en cualquier cajón de bricolaje medianamente equipado. En muchos casos podremos utilizar material reciclado (papel escrito por una cara, dorsos de carteles, cartones de embalaje, etc.).

De ahí que las listas de material no incluyan los medios comunes como lápices, tijeras, reglas o papel de periódico, cuya disponibilidad se presupone.

Algunas actividades y experimentos requieren una habitación a oscuras. Si la estancia disponible no tiene contraventanas o cortinajes gruesos, es fácil tapar las ventanas con retales de tela opaca o papel kraft, mejor directamente aplicados sobre el cristal con cinta ancha de papel crepé, o con chinchetas sobre el marco, si vamos a cubrir la ventana con telas.

Siempre que se indiquen juegos o experimentos con la habitación a oscuras se tomarán las precauciones del caso, como apartar previamente todos los obstáculos, ocasiones de tropiezo, objetos abandonados en el suelo, mesas y demás muebles con esquinas peligrosas. En relación con la luz y las lámparas, hay que evitar que nadie mire fijamente al sol, ni a ninguna fuente de luz demasiado intensa. Se imponen también las precauciones que son de sentido común en el manejo de velas encendidas, espejos, herramientas y demás medios auxiliares.

Todas las sugerencias son de grado de dificultad adaptable en función de la edad de los participantes o el tamaño del grupo. Éste puede ser cualquiera, salvo indicación expresa. Casi todas las construcciones se adaptan lo mismo a colectivos numerosos que al sujeto individual. En el primer caso es aconsejable distribuir el grupo en varios equipos de tres a cinco niños. Muchas actividades vienen revestidas de propuestas de juego, o bien pueden ofrecerse mediante una introducción oportuna como: «Hoy seremos científicos de un laboratorio y vamos a hacer un experimento interesante».

Éste es un libro para mirar, ver y fijarse, que pretende abrir los ojos.

Os deseamos largas horas de experiencias amenas.

Se juega a confundir la vista

¿Qué es lo que vemos en realidad? En principio la visión distingue formas y colores. A veces vemos perfiles nítidos, y otras veces contornos difusos que cambian constantemente hasta que acaban por desaparecer. El objeto inmóvil por lo general suscita una descripción definida; cuando se agrega el movimiento, los perfiles y las relaciones de tamaño varían. Si añadimos a esto la gradación de luces y sombras, nos daremos cuenta de que nuestro entorno proporciona una imagen tan rica en matices que casi no puede abarcarse por completo.

En el capítulo primero jugamos con los estímulos ópticos por medio de experimentos que parecerán espectaculares a los niños. No es todavía el momento para explicaciones científicas, ni se trata de explorar sistemáticamente el tema. Al principio sólo nos proponemos provocar el asombro, cosquillear la curiosidad y despertar el interés. Son prácticas sencillas que no requieren grandes medios, y sin embargo causan mucha sensación. Con ellas pondremos de manifiesto hasta qué punto la percepción es un fenómeno subjetivo.

El círculo cromático de la Física, con los colores del espectro visible (un disco pintado en amarillo – anaranjado – rojo – púrpura – violeta – azul – verde y retorno al amarillo) lo presentamos en forma de peonza, cuyo giro realiza la fusión de los colores. El fenómeno de los complementarios (diametralmente opuestos en el disco) se experimentará por observación directa. En la cámara oscura proyectaremos la imagen reducida de un panorama sobre un papel sin necesidad de aparato óptico alguno.

El ojo es lento y se le engaña con facilidad. Muchos detalles de lo que nos rodea pasan desapercibidos hasta que uno pone atención, o nos los indica otra persona. Cada niño capta y siente las cosas de distinta manera; por tanto, hay que conceder tiempo suficiente para el intercambio y la comparación de impresiones. Ordenados por temas, los sucesivos capítulos de este libro van profundizando estas primeras observaciones.

Pirotecnia a ojos cerrados

El sentido de la vista no consiste sólo en percibir las formas de los objetos. Con la luz y el color se pone en juego otra dimensión, que fascina por su intensidad y rápido cambio. Según la incidencia de la luz, y fijando la atención, esos colores estallan en un auténtico castillo de fuegos artificiales.

Edad: a partir de 5 años
Tipo: experimento
Lugar: habitación clara, con luz solar directa
Material: lámpara de sobremesa

Reunir a los niños en una habitación clara con ventana orientada al sol, o con una lámpara de sobremesa. Que miren a su alrededor, fijándose en los objetos de la estancia.

Luego cierran los ojos y se concentran, procurando fijarse en las imágenes que se forman detrás de los párpados cerrados.

Transcurridos unos momentos, abren los ojos y cuentan lo que han visto. ¿Todo negro, como tal vez sospechaban antes de empezar? Ni mucho menos. Al principio, algunos no recordarán haber visto nada. La actividad aumenta conforme prolongamos la atención a las imágenes: se forman diminutos puntos de luz, estrías, franjas. Cerrando los párpados con más o menos fuerza se consigue variar los colores. Esas formas varían constantemente.

Mirar directamente a una fuente de luz antes de cerrar los ojos, o parpadear rápidamente. A ojos cerrados veremos entonces colores de la gama caliente, entre anaranjado, rojo y violeta. A veces los sujetos llegan a distinguir incluso las siluetas de los objetos percibidos con anterioridad.

Por último, todos explicarán sus impresiones. ¿Les ha parecido ver un pequeño castillo de fuegos artificiales, o la superficie hirviente de otro planeta? ¿Han visto hileras de puntos móviles, o sólo destellos intermitentes? ¡Asombra la cantidad de cosas que pueden llegar a verse!

Variante

Con los párpados cerrados, girar los ojos lentamente para relajar la musculatura ocular. Es un conocido ejercicio de concentración que utilizan los escritores y pintores; también sirve para aliviar los largos tiempos de espera.

Convertir de rojo a verde

Al ojo se le engaña con facilidad. Los colores reales pueden reemplazarse por otros que ni siquiera existen. Cada color tiene un contrario oculto, pero tenemos un pequeño truco para hacerlo visible, ¿qué ha ocurrido?

Edad: a partir de 5 años
Tipo: experimento
Lugar: interior
Material: objetos de un solo color, del tamaño aproximado de un plato y de contornos nítidos (almohada, bandeja, papel de color); conviene que los colores sean fuertes (rojo, azul, amarillo, etc.)

Los niños sentados en fila; si el grupo es numeroso pueden formar varias filas. Durante un minuto mirarán fijamente el objeto monocolor propuesto, que se ofrecerá sobre una mesa o colgado de la pared.

A una voz volverán la vista rápidamente hacia el techo o hacia una pared blanca, y se quedarán mirándola fijamente. En este momento, ¿qué se observa? La silueta del objeto contemplado, claramente visible, pero teñida del color complementario.

Información: Colores complementarios son los que están diametralmente opuestos en el círculo del espectro visible (véase p. 10). Todo sucede como si el ojo funcionase independientemente; por ejemplo, si se ha elegido para el experimento un disco de color rojo intenso, la imagen fantasma que aparece sobre la pared blanca será verde. Los objetos azules producen la ilusión de una silueta amarilla. Y viceversa.

Borrachera de colores

La percepción simultánea de varios colores crea la ilusión de otros colores diferentes. ¿Cómo se consigue esto? Los colores no pueden tocarse, pero sí modificarse moviendo los objetos. Las condiciones de iluminación (o falta de ella) modifican el matiz y la intensidad. Mediante un movimiento rápido podemos superponerlos y ¡oh sorpresa!, es entonces cuando aparecen los colores nuevos.

Edad: a partir de 4 años
Tipo: construcción y experimento
Lugar: mesa grande para bricolaje
Material: trozos de cartón de 1 mm de espesor aproximadamente, compás (o vaso grande), regla, punzón, acuarelas, gouache blanco, pincho de madera (de los que se usan para pinchos morunos, recortar a unos 8 cm de largo y redondear un poco la punta), papel de lija, adhesivo, bola o cuenta de madera de 1 a 2 cm de diámetro; eventualmente, posavasos de cerveza, papel de colores, cordel

Con tal de que giren correctamente las peonzas, son posibles muchas configuraciones curiosas.

En primer lugar recortaremos en cartón rígido y liso un círculo de 6 a 8 cm de diámetro. Debe ser exacto, para lo cual utilizaremos un compás, o un vaso grande cuya boca servirá de plantilla.

Determinar el centro del círculo (marca del compás, o medirlo con la regla). Agujerearlo con el punzón.

Que cada niño pinte su disco como prefiera, utilizando el gouache blanco y las acuarelas. Se recomienda elegir figuras geométricas sencillas, o espirales, en blanco y negro, o en dos o tres colores primarios fuertes.

Pasar el pincho de manera que la punta sobresalga por debajo unos 2 cm, dejando más largo el mango por la parte de arriba.

Ensayar cómo gira, hasta encontrar la altura más idónea del disco.

También es aconsejable redondear un poco la punta del pincho con el papel de lija, así la peonza tendrá más estabilidad de giro.

En caso necesario, fijaremos el disco mediante una gota de adhesivo y le pasaremos la cuenta de madera para lastrarlo.

En un pispás las peonzas bailan por el suelo y al girar se producen las combinaciones de colores más sorprendentes. Según la geometría del dibujo, a veces incluso las figuras en blanco y negro inducen ilusiones cromáticas.

Variante

Las peonzas de colores y los discos giratorios se pusieron de moda en el siglo XIX, cuando nació la afición a las curiosidades científicas como pasatiempo. Existe una combinación de colores determinada que sintetiza el blanco. Para ello hay que dividir el disco en 7 porciones iguales como si fuese una tarta, y pintarlas de los colores rojo intenso – anaranjado – amarillo – verde claro – azul medio – lila – violeta, aunque no es fácil acertar con los matices exactos, por lo cual el disco al girar deja ver, en vez del blanco, un gris más o menos sombreado.

Posavasos como peonza: Versión simplificada al máximo de una peonza, consiste en un posavasos cuyas dos caras se habrán recubierto por completo pegándoles papeles de color (anverso y reverso diferentes). Haciendo girar este disco sobre el borde, la vista nos engaña y nos ofrece la imagen de una esfera vibrante del color mezcla.

Idea: También se consiguen efectos curiosos con un molinillo de papel, pintando cada aspa de un color distinto.

De noche no todos los gatos son pardos

En la oscuridad también podemos orientarnos, pero todas las cosas presentan un aspecto diferente. Donde la vista no alcanza, entran en acción los demás sentidos con mayor asiduidad.

Edad: a partir de 4 años
Tipo: experimento-juego
Lugar: habitación a oscuras
Material: bufandas o pañuelos grandes para vendar los ojos; lámpara de té o linterna de bolsillo, lámpara, telas translúcidas de distintos colores (rojo, azul, etc.)

Los niños se moverán libremente por la estancia a oscuras, miran a su alrededor y escuchan. ¿Está realmente todo negro, o se puede ver alguna cosa todavía? ¿Sienten o intuyen por dónde anda cada uno? Incluso cuando no se ve nada, más o menos se adivina lo que está pasando en la habitación. Se oyen rumores, se notan unos movimientos, tal vez incluso se huele algo. Puesto que conocen la estancia, no les dará miedo: es sólo una situación desacostumbrada. En seguida se pone en marcha la fantasía, sin embargo. ¿Dónde estamos? ¿Tal vez en medio de un bosque? ¿O en un sótano húmedo y frío, y se nos ha estropeado la linterna? ¿Cómo se sale de aquí?

Variante de gallina ciega: Después de un intercambio de impresiones, pasamos a un pequeño juego:

Los niños se sientan en el suelo formando un corro.

Se solicitará a dos voluntarios para que se busquen a oscuras. Digamos que uno es como un calamar en las profundidades del océano, o como un pequeño elefante que se ha separado de su manada y se ha perdido en la noche.

Los dos que se buscan entran a gatas en el círculo.

Todos los demás permanecerán en sus lugares, sin moverse.

Se apagan las luces.

Los buscadores deberán continuar a gatas o, si caminan, hacerlo con cuidado y siempre con el brazo derecho explorando por delante y el izquierdo separado del cuerpo.

El corro funcionará a modo de cercado o corral.

En la búsqueda se permite todo: hacer ruido, palpar con las manos, etc.

De esta manera irán entrando, sucesivamente, varias parejas.

Se va haciendo la luz: Finalmente, con todos los niños sentados otra vez en el suelo, vamos iluminando poco a poco la estancia con una vela o una linterna de bolsillo.

Los niños observan cuanto les rodea. Al principio sólo distinguirán contornos, siluetas, pero no los colores, que como mucho se intuyen.

Al dar más luz con una lámpara pequeña, o entreabriendo las contraventanas, aparecerán los primeros colores, pálidos al principio y luego cada vez más saturados.

Luces de colores: En lo que sigue, introducimos la variación siguiente: cubrir la lámpara de la estancia con telas translúcidas de distintos colores, primero el rojo, luego el azul. La luz toma la coloración correspondiente. Ya no se sabe con exactitud qué color tenían al principio, por ejemplo, las prendas que vestimos, o el mantel de la mesa.

La luz y sus caminos

El ojo sólo puede percibir los objetos que tienen luz propia y los que son capaces de reflejar la luz que reciben de otra fuente.

Los niños preguntarán qué es la luz, y cómo consiguen percibirla nuestros ojos. Después de dos mil años de investigación, la ciencia todavía no ha contestado a estas preguntas de manera definitiva. Dependiendo de cómo se estudie la luz, algunas veces se comporta como una onda electromagnética, y otras como un tren de partículas (los fotones). Ambos modelos son sumamente intuitivos. Normalmente los rayos del sol parecen vibrar hasta la Tierra siguiendo una recta, como cuando las olas del mar van llegando a la playa, o como una serpiente nadando. En cambio el rayo de luz que incide en un espejo se comporta más bien como una pelota pequeñísima y muy veloz: la trayectoria es rectilínea paro al tropezar con el obstáculo rebota y sale en otra dirección. Es lo que llamamos reflexión y en los capítulos que tratan de las sombras y los espejos (página 58 y siguientes) consideraremos el fenómeno con más detalle.

Por lo general la luz nos parece estática, inmóvil. Cuando contemplamos una habitación iluminada, ningún detalle cambia. Pero las apariencias engañan. En el momento de conectar la lámpara, los rayos de luz se propagan en todas direcciones y en línea recta, a la mayor velocidad posible. La velocidad de la luz en el vacío es de 300.000 km por segundo: si se encendiese en la Tierra una lámpara descomunal, desde el Sol se tardaría unos ocho minutos en verla. Cuando la luz atraviesa algún medio (el aire, el agua), la velocidad se reduce en función de la densidad del medio. Al pasar de un medio a otro, la trayectoria rectilínea se quiebra, y esto es lo que llamamos refracción.

Para ver la luz disponemos de un aparato extraordinariamente complicado, que es el ojo. De entre todos los seres vivos, los humanos figuramos entre las especies que más dependen de la vista. Gran parte del cerebro se dedica exclusivamente a procesar los estímulos ópticos.

Las imágenes que recibe el cerebro contienen un gran volumen de informaciones, y una sola mirada nos basta para abarcar relaciones muy complejas. El cerebro selecciona las que le interesan, y es capaz de evaluar distancias y tamaños, así como la textura de las superficies, sin necesidad de tocarlas. La vista capta los movimientos más pequeños y las modificaciones más sutiles.

Para explicar el funcionamiento del ojo se acude al símil de la cámara fotográfica. Cuando miramos un objeto, la luz que éste refleja, es decir su imagen, entra a través de un diafragma (la pupila). Si la luz es muy intensa la pupila se estrecha para evitar el deslumbramiento; cuando hay poca luz, el diámetro de la pupila aumenta para aprovechar al máximo la claridad remanente.

Detrás del diafragma hay una lente, el cristalino, que funciona como el objetivo de la cámara y proyecta una imagen real, diminuta e invertida en el fondo del ojo, revestido de una capa sensible que se llama la retina. Los estímulos que ésta recibe se transmiten por el nervio óptico al cerebro. La retina tiene una región central más sensible, y sobre ésta se proyecta la imagen del objeto que miramos directamente. En cambio la visión periférica es borrosa. Por otra parte, el cristalino puede modificar su geometría por acción de unos músculos diminutos, lo que le permite enfocar tanto los objetos próximos como los lejanos.

La retina humana puede procesar hasta 16 imágenes por segundo. Una secuencia de fotos fijas tomadas a mayor velocidad produce la ilusión del movimiento y éste es el principio del cinematógrafo. En cambio la chinche distingue hasta 200 imágenes por segundo; a las chinches, nuestras películas les parecerían aburridísimas proyecciones de diapositivas.

Como la mayoría de los animales, los humanos tenemos un par de ojos. Al enfocar los objetos desde dos puntos algo separados se obtiene la sensación de relieve, lo que mejora la apreciación de las distancias y posiciones relativas de aquéllos. Cuando miramos con un ojo cerrado todo nos parece plano, como en una fotografía.

La naturaleza nos ofrece otros muchos ejemplos de aparatos visuales adaptados a las necesidades de las distintas especies. El ojo de la libélula consta de unas 20.000 facetas, cada una provista de cristalino propio, que miran en todas direcciones. Las águilas y otras rapaces parecen tener una vista mucho más aguda que la humana, ya que necesitan descubrir presas pequeñas desde la gran altura a que se mueven por el cielo. Los elefantes, en cambio, tienen poca vista y ven borrosos incluso los objetos cercanos, por lo que prefieren confiar en los demás sentidos cuando van de un lado a otro. Las lechuzas, los búhos y los gatos pueden ver de noche, aunque la oscuridad sea casi total. Otros animales lo ven todo en blanco y negro, o con los colores muy atenuados (véase la página 44 y siguientes). El camaleón tiene una especie de ojos telescópicos que además se mueven con independencia el uno del otro. Los caracoles los sacan y retraen, puesto que los llevan en el extremo de los «cuernos». Algunos insectos acuáticos realizan incluso el principio de las gafas bifocales: la parte inferior del ojo está adaptada a ver bajo el agua, mientras que la parte superior les sirve para ver lo que hay por encima de la superficie.

El rayo de luz

Casi todos los niños habrán visto funcionando un proyector, o las luces largas del coche, y saben que estos dispositivos cortan la oscuridad enviando un haz rectilíneo. En cambio, la bombilla normal de incandescencia proyecta una luz difusa. Pero está formada por un gran número de rayos rectilíneos que se alejan en todas direcciones.

Edad: a partir de 4 años
Tipo: experimento
Lugar: habitación a oscuras
Material: fuente de luz intensa (foco, proyector de diapositivas o de películas), papel o cartón negro con un agujero en el centro, de 3 mm de diámetro, espejo, objetos de vidrio u otro material transparente

Cuando se acerca el papel a la fuente de luz, una parte de ésta pasa por el agujero en forma de haz concentrado, cuya propagación en línea recta resulta perfectamente visible en medio de la oscuridad. Si sentamos a los niños en una posición lateral podrán observarlo. Los más pequeños son muy aficionados a cortar el haz interponiéndose. Así organizamos una especie de viaje espacial, en que se le presentarán a la luz diferentes obstáculos. Aunque insertemos los dedos o la mano entera en su trayectoria, no la frenaremos ni desviaremos, sólo la interrumpiremos transitoriamente. Hasta que se le ocurra a alguien la idea de interponer algún objeto transparente o reflectante. Entonces el haz se quiebra y emprende otra dirección, o por lo menos pierde algo de su nitidez.

¿Quién ha visto la luz?

Cuando un objeto está iluminado la luz se reconoce sin dificultad. Evidente. Pero el rayo de luz propiamente dicho no es visible. Los niños objetarán que en el experimento anterior han visto lateralmente el haz de un foco o un proyector de diapositivas. Pero no era el haz mismo, sino las partículas de polvo que flotan en el aire, iluminadas por el haz. Para demostrarlo, realizaremos este otro experimento.

Edad: a partir de 6 años
Tipo: montaje-experimento
Lugar: habitación a oscuras
Material: papel negro del que usan los fotógrafos o caja de zapatos, cinta adhesiva, pintura negra, cúter y tabla de madera, 2 tubos de cartón de 3 cm de diámetro y unos 10 cm de largo, linterna de bolsillo

Construcción: En el centro de cada uno de los lados estrechos de la caja recortaremos unos agujeros del diámetro exacto de los tubos de cartón. Introducir éstos unos 2 cm en la caja y pegarlos procurando que encaren con exactitud.

En el centro de uno de los lados anchos recortaremos una mirilla de 1 × 1 cm, a la misma altura de los dos canutos.

Forrar por dentro la caja con papel negro, y pintar también de negro los tubos y cualquier parte que haya quedado al descubierto.

Experimento: Con la habitación totalmente a oscuras, acercar la linterna de frente a la boca de uno de los tubos. El haz de luz saldrá por la abertura del lado opuesto, pero el observador que mira el interior de la caja a través de la mirilla no ve nada.

¿Dónde ha quedado la luz?

Hasta los niños de corta edad observan que algunos objetos casi se tragan la luz, pudiéramos decir, mientras que otros la devuelven (la reflejan).

Edad: a partir de 3 años
Tipo: experimento
Lugar: habitación a oscuras
Material: linternas de bolsillo, objetos de diferentes propiedades superficiales como espejos, vidrios, papel blanco, tela de color oscuro, papel de aluminio arrugado

Uno a uno los niños irán alumbrando con sus linternas, en la habitación a oscuras, los distintos objetos que forman la muestra. El terciopelo negro se «come» el cono de luz. El espejo, en cambio, lo devuelve reflejado y duplica la iluminación general. Las superficies brillantes pero irregulares difunden la luz y dispersan el haz de las linternas.

Variante

Mediante una introducción algo más elaborada el sencillo experimento se convierte en un breve juego. Los niños están prisioneros en un castillo remoto. Con sus linternas tratan de explorar lo que les rodea. Las superficies reflectantes ocultan puertas de pasadizos secretos. ¿Cuál de ellas refleja la luz más intensamente? A través de esa superficie conseguirán escapar.

El agua y la luz

¿Cómo se consigue un «quiebro» en óptica? ¿Qué pasa cuando nos bañamos el pie en un barreño, o sumergimos en el agua el extremo de un palo? De repente parece como si el palo se hubiese roto. Pero cuando lo sacamos de nuevo, resulta que sigue entero...

Edad: a partir de 4 años
Tipo: experimento
Lugar: interior o exterior (a la orilla de un estanque o alberca)
Material: paja o caña, vaso de agua, barreño, bañera, eventualmente unos palos largos (de 1 m aproximadamente), bastón

Para observar ese curioso «quiebro», introducimos una paja o una cañita en un vaso de agua. De cualquier modo que lo coloquemos o le demos vueltas, siempre parecerá quebrada entre el aire y el agua. Hay una diferencia notable entre ambos elementos. Deducimos, por consiguiente, que el ojo puede distinguir una diferencia entre lo que ve a través del aire y lo que ve a través del agua.

En el exterior: Durante el verano puede realizarse el experimento en un estanque tranquilo de jardín, o en una bañera.

Variante

Una diversión: hurgar con un palo largo en el agua tratando de pescar los objetos que veamos en el fondo.

Imágenes complejas

Es inconcebible el enorme número de detalles que la vista capta de una sola ojeada. Incluso sin dirigir especialmente la atención, y de manera automática, los ojos envían imágenes complicadas al cerebro.

Edad: a partir de 4 años (hay una variante para los niños mayores)
Tipo: experimento-juego
Participantes: 6 niños o más
Lugar: aula o lugar de reunión del grupo
Material: objetos de los que no se disponga habitualmente (un mantón de muchos colores, una olla de la cocina, un poster nuevo), cuartillas de papel y lápiz, eventualmente otros accesorios como pañuelos, pasadores para el cabello, una batuta, un gong o una campana
Preparación: en ausencia de los pequeños, colocar los objetos en un lugar determinado de la estancia

En la ocasión, los niños juegan a ser detectives que se presentan en el «escenario de los hechos» y deben tomar nota mentalmente de todos los detalles a la mayor brevedad posible. Para ello deben mirar todos en la misma dirección, digamos por la ventana, el rincón de los juegos o la galería de todos los cuadros. En cualquier caso debe ser un espacio definido, cuyo contenido van a procurar memorizar en un minuto. Luego cerrarán los ojos y dirán lo que recuerdan. Los resultados suelen ser asombrosos.

Variante para niños mayores

Cada uno de los escolares anota todas sus observaciones en una cuartilla. ¿Quién recuerda más objetos? O todos dirigirán la vista a un mismo lugar por espacio de un segundo, para tratar de recordar luego todos los detalles entrevistos durante un tiempo tan breve (que suele ser mucho más de lo que uno supondría en principio). Este juego es un pasatiempo idóneo para tiempos de espera tediosos: cerrar los ojos y pasar revista mentalmente a todo lo que tenemos alrededor.

Variante para fiestas

Un juego de apuestas ideal para fiestas y celebraciones. Se elegirá como actor a un niño retraído, de los que no suelen llamar la atención. En una habitación contigua lo disfrazaremos con algunos accesorios, como un pañuelo, una peineta o pasador, una batuta, etc. Luego le diremos que pase por la estancia donde se hallan reunidos los niños, pero que lo haga como si nada, procurando que no se fijen. El grupo ignora todavía que se trata de un juego. El niño disfrazado entra, sale, y luego anunciamos mediante el gong o la campanilla el comienzo del juego: que digan quién pasó por allí, y qué cosas llevaba. Gana el que consigue más aciertos.

La rana verde (Busca la diferencia)

No es tan fácil descubrir un pequeño detalle colocado sobre un fondo variopinto. Los niños se desafiarán mutuamente utilizando imágenes realizadas por ellos mismos.

Edad: a partir de 4 años
Tipo: actividad
Lugar: mesa grande de bricolaje
Material: papel, fotos de calendarios o similares, rotuladores de colores

Se añadirá a las fotos pequeñas diferencias (pintar o pegar). Cuando cada niño haya terminado su original, lo hará circular para que los demás intenten descubrir las diferencias. En grupos numerosos se formarán corros de cuatro o cinco niños.

Variante

Propondremos un tema obligado, por ejemplo una superficie lunar con muchos cráteres, por entre los cuales anda un pequeño marciano con su nave azul en el océano azul del infinito. O si el fondo es un plato de espinacas, ¿dónde se esconde la rana verde? Cuando las formas e incluso los colores se confunden con el fondo, como lo hacen los camaleones, casi no se distingue el objeto.

Lentes de cristal

Los materiales transparentes, como el cristal y el agua, desvían el haz de luz, lo refractan, lo concentran o lo reflejan. Se inaugura aquí una búsqueda de este tipo de fenómenos.

Edad: a partir de 5 años
Tipo: experimento
Lugar: aula, lugar de reunión o en casa
Material: botellas y tarros más o menos cilíndricos, barrigudos o aproximadamente esféricos, que puedan taparse. Corchos, tapaderas, agua, bolsas de plástico, aros elásticos de goma, lámpara, vela

¿Qué objetos y materiales pueden funcionar como lentes ópticas? Nos dedicamos a buscarlos.

- A través de una lágrima el ojo lo ve todo distorsionado.
- Una gota de agua que resbala por el lado de un vaso de zumo contiene una imagen diminuta de todo lo que la rodea.
- Las lentes ópticas valiosas son de cristal pulido.
- Hay lentes convergentes, que concentran el haz de luz, y divergentes, que lo dispersan. Las lentes convergentes son convexas, es decir que tienen curvatura hacia fuera. Al mirar un objeto a través de ellas dan una imagen aumentada (lupas, prismáticos). Las lentes divergentes son cóncavas, con la curvatura hacia dentro. Dan una imagen reducida. A mayor curvatura, más grande el efecto (potencia de la lente).
- Con lentes de distintas curvaturas se corrigen los defectos de la vista debidos a anomalías de la geometría del ojo, o a la «fatiga» del cristalino. Algunos de los niños llevarán gafas. Observar el efecto óptico que producen.

Experimento: Con recipientes de vidrio domésticos los niños construirán lentes sencillas.

Para ello se llenan los recipientes de agua y se tapan herméticamente con el tapón de corcho o la tapadera roscada. A través de estas lentes improvisadas, los niños observan el panorama que los rodea.

- Una lente cilíndrica (por ejemplo, un tarro de mermelada) colocada horizontalmente, sirve como cristal de aumento para leer el periódico.
- El recipiente esférico colocado entre el observador y una fuente de luz concentra los rayos de ésta. De cerca aumenta, pero mirando desde un poco más lejos veremos que proyecta una imagen real (es decir, que puede recogerse sobre un papel blanco), más pequeña e invertida.
- También las bolsas de plástico transparente llenas de agua (y cerradas cuidadosamente por medio de una goma) sirven para este tipo de experimentos, pero comprobaremos que distorsionan las imágenes mucho más que las esferas y los cilindros geométricamente correctos.

Espectáculo de luz con tarros y botellas

Con las lentes no sólo se obtienen imágenes aumentadas o reducidas de los objetos. También permiten dirigir los rayos de luz. Las superficies con muchas caras pequeñas, o facetas, multiplican este efecto. Quienes hayan visitado alguna vez un castillo antiguo lo habrán visto en las gigantescas lámparas de techo o «arañas». Cuando aún no existía la luz eléctrica, eran sumamente prácticas además de decorativas, porque la infinidad de plaquitas, colgantes, lágrimas y perlas de numerosas facetas servían para reflejar y multiplicar la débil luz de las velas. De esta manera se conseguía iluminar incluso los salones mas grandes. Las gentes pobres, por ejemplo las tejedoras de puntillas, utilizaban bolas de vidrio llenas de agua para trabajar de noche. Por este procedimiento concentraban en el trabajo que tenían entre manos la claridad de su farol de petróleo.

Edad: a partir de 3 años
Tipo: actividad-experimento
Lugar: mesa grande de bricolaje, alféizar de ventana
Material: botellas y vasos vacíos (eventualmente botellines de muestra, copitas de licor), agua, velas, lámparas de té. Si se pueden conseguir: bolas de vidrio, hilos de distintos colores, material de decoración (papel de aluminio, cuentas de vidrio, espejitos)

Llenar parcialmente de agua las botellas y los vasos, colocar velas en los cuellos de las botellas.

Alinear todo en el alféizar de la ventana de manera que se vea bien lo mismo desde dentro que desde el exterior.

También procuraremos colocar tarros de vidrio poliédricos, con una vela de té a modo de farolillo. Situar lámparas de té detrás de los frascos esféricos rellenos de agua.

Se colocarán los recipientes de manera que los más altos queden detrás y los más bajos delante.

Si se desea, puede completarse la decoración con objetos brillantes del cajón de bricolaje, como recortes de papel de aluminio, bolas de vidrio y espejitos.

⚠ El lugar donde haya velas encendidas no debe quedar sin vigilancia.

Variante

Improvisar una lámpara de araña. Llenamos de agua una colección de botellines (muestras publicitarias de licores, aguardientes, colonias, etc.), y enhebramos sartas de cuentas de vidrio de distintos colores. Todo ello se cuelga de la pantalla de una lámpara de techo corriente.

Completar la decoración con objetos reflectantes, como tiras de papel de aluminio o plástico del que se usa para envolver los alimentos destinados al frigorífico. Si podemos encontrar unas copas viejas de licor las colgamos del revés.

⚠ No colgar los adornos demasiado cerca de la bombilla, porque podrían recalentarse o estallar.

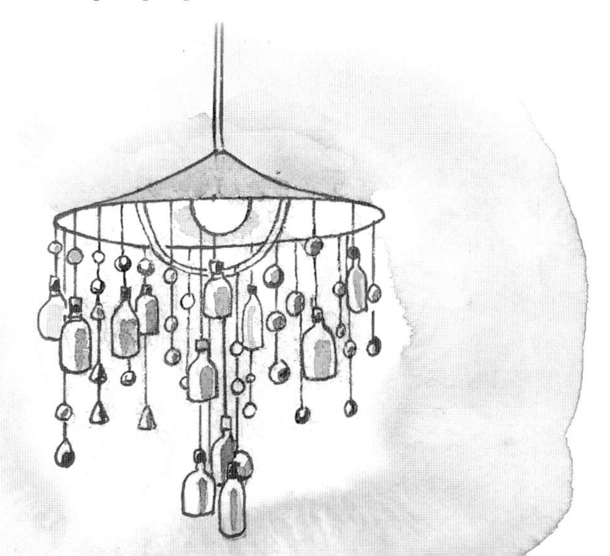

Torreros de faro

Los cuerpos de vidrio abombados de gran tamaño concentran la luz con tanta eficacia que intensifican la potencia de las fuentes pequeñas. Este efecto, conocido desde la antigüedad, se aprovechó en los faros costeros. Sus focos provistos de gigantescas lentes y reflectores servían para la orientación de los navegantes. La característica del faro es la rotación constante de la luz.

Edad: a partir de 3 años
Tipo: juego
Participantes: 6 niños o más
Lugar: sala grande y vacía que pueda dejarse a oscuras con facilidad (el gimnasio por ejemplo)
Material: tiza o cinta adhesiva, linterna de bolsillo

Los niños se colocan detrás de una línea marcada en el suelo con tiza o cinta adhesiva. Serán marineros que viajan en una embarcación agitada por las olas. Uno de los pequeños será el faro y se colocará a una distancia de 5 a 20 m, según lo que permita el tamaño de la sala. Sosteniendo en la mano una linterna, el niño gira lentamente sobre sí mismo. Los marineros irán acercándose al faro mientras el haz de la linterna apunte hacia atrás. Pero tan pronto como se vuelva hacia ellos, deben quedarse inmóviles. Si la luz pilla a uno moviéndose, éste queda fuera de juego. El último, o los que consigan llegar hasta el faro, hará de faro en la próxima ronda.

Visor para el agua

Una lupa de fabricación propia es un instrumento magnífico para salidas veraniegas de observación de la naturaleza. En cualquier estanque o remanso pueden contemplarse panoramas subacuáticos estupendos. Para ello basta colocar el marco sobre la superficie del agua. La presión del líquido abomba la lámina de plástico y así se obtiene el efecto de aumento.

Edad: a partir de 5 años
Tipo: actividad-montaje
Lugar: exterior, a la orilla de un estanque o arroyo
Material: marco de madera hecho de listones gruesos (sirve un marco antiguo de cuadro o espejo), o caja de madera sin fondo; película gruesa de plástico transparente (por ejemplo, retal de una bolsa para alimentos congelados, que sea resistente), chinchetas, barniz para madera

Colocar el plástico exteriormente, sin tensarlo demasiado, alrededor de la abertura y de las paredes laterales del marco. Fijarlo clavando chinchetas en el borde superior.

Es aconsejable doblar el plástico en los bordes de fijación, para reforzarlo y que no se rompa demasiado pronto al someterlo a tensión cuando lo sumergimos en el agua.

El canto superior deberá quedar siempre por encima del nivel del agua, para que no se nos inunde el visor. Si queremos darle más duración, es conveniente barnizar el marco.

Con un poco de suerte, los niños podrán contemplar a través del visor los habitantes del líquido elemento: insectos, plantas acuáticas, tal vez algún renacuajo.

Polifemo de un solo ojo

La naturaleza ha dotado de un par de ojos a los humanos. Es fácil demostrar lo práctica que resulta esa disposición. Los niños se tapan un ojo con la mano o se ponen una venda.

Edad: a partir de 3 años
Tipo: experimento
Lugar: interior
Material: venda (pañuelo), objetos pequeños de diferentes colores (monedas, guijarros, lápices)

Sentados a la mesa, los niños ahora juegan a ser el cíclope Polifemo de la mitología griega, o el famoso pirata con el parche en un ojo, o un extraterrestre fabuloso de un cuento de ciencia ficción. Sobre la mesa colocaremos los objetos de modo que puedan alcanzarse con las manos, pero a distancias diferentes. A una señal (campanilla, por ejemplo), deben tratar de recogerlos. Se observará que ahora la mano tiene menos precisión que cuando vemos con ambos ojos.

Hay otro detalle, y es que algunas personas no perciben los colores lo mismo con el ojo derecho que con el izquierdo. La prueba es fácil, tapándose alternativamente el uno o el otro. A veces hay sorpresas.

El punto ciego

La mayoría de nosotros tenemos ojos que funcionan bien, aunque no perfectamente. En determinadas condiciones, hay detalles que nos pasan desapercibidos. La retina tiene una pequeña región insensible, que es el punto de entrada del nervio óptico; cuando la imagen de un objeto incide precisamente en ese lugar, la impresión no llega al cerebro. Todo sucede como si el objeto fuese invisible para nosotros.

Edad: a partir de 5 años
Tipo: experimento
Lugar: mesa grande
Material: hoja de papel DIN A4, lápices, regla

Preparación: dibujar sobre un papel dos puntos de 1 cm de tamaño, puestos a la misma altura y distantes el uno de otro unos 8 cm

Los niños se sientan a la mesa y uno a uno tomarán el papel para contemplar el punto izquierdo con el ojo derecho, tapándose el izquierdo. Al hacerlo irán acercando el papel a la cara poco a poco. A la distancia de la visión próxima, que es de unos 25 cm, el punto derecho desaparece repentinamente. Si se acerca el papel todavía más, volverá a aparecer.

En la circulación urbana: Lo que acabamos de aprender tiene cierta importancia para la vida cotidiana. ¿En qué situaciones tendremos necesidad de echar una ojeada rápida y no perdernos detalle? Por ejemplo, ¿adónde hay que mirar cuando circulamos en bicicleta o vamos a cruzar la calzada?

Imágenes en acordeón

De construcción fácil y sorprendentes resultados: las imágenes en zigzag. La figura completa no es más que una confusión sin sentido, pero al doblar el dibujo en forma de acordeón sale una imagen distinta según se mire por el lado derecho o por el izquierdo.

Edad: a partir de 6 años
Tipo: montaje
Lugar: mesa grande de bricolaje
Material: cartulina blanca para dibujo DIN A2; dos dibujos a transferir (formato 20 × 30 cm aproximadamente, por ejemplo fotografías de un periódico o de un calendario, o retal de un poster); tijeras, regla y adhesivo

Dibujar la línea media horizontal de la cartulina A2. Doblarla longitudinalmente y pegarla por los bordes cortos.

Plegar la cartulina longitudinalmente en forma de acordeón (en segmentos de unos 3 cm de ancho). Desplegarla sobre la mesa y alisarla.

Con ayuda de la regla, dibujar en las imágenes la división en tiras de 3 cm de ancho y recortar (si los formatos son más pequeños, reducir el ancho de las tiras en la misma proporción).

⚠ ¡No desordenar las tiras una vez recortadas!

Empezando por el lado izquierdo, pegar las tiras de la primera imagen sobre la cartulina, un segmento sí y el siguiente no. Pegarlas en el orden correcto y controlando que no queden al revés ni torcidas.

Pegar los segmentos de la segunda imagen en los segmentos que se dejaron libres en la fase anterior.

Devolver la forma de acordeón a la cartulina y colocarla de pie sobre la mesa.

Mirándola desde el lado izquierdo se ve una imagen, y desde el lado derecho otra.

¿Cuánto tiempo tardará un niño que no haya asistido a la confección en adivinar el truco?

El Sol: ¿de dónde proviene la luz?

La Tierra es nuestra isla, y el Sol lo que más llama nuestra atención. Tan pronto como dejamos de pensar en nosotros mismos, nuestras primeras observaciones se dirigen hacia esos dos cuerpos. Jean-Jacques Rousseau, *Emilio o De la educación*

A la pregunta «¿de dónde proviene la luz?», la mayoría de los niños contestarán probablemente «del Sol», «del fuego», «de la lámpara». Todos tienen razón. La luz significa actividad, calor, imágenes, colores. Las locuciones habituales reflejan esta valoración social de la luz: «verlo claro», «encendérsele a uno la bombilla», «tú eres la luz de mi vida», etc.

La luz del Sol enciende los colores. Sus rayos se comportan como una infinidad de partículas de luz. Cuando llegan a la Tierra rebotan por todas partes y se difunden hacia todas las direcciones. Este fenómeno se llama dispersión de la luz. Buena parte de la dispersión se realiza en la atmósfera, y es por eso que vemos el cielo azul en los días soleados. A gran altura, en cambio, por ejemplo desde la cima del Everest, la atmósfera es mucho más tenue, dispersa menos la luz y el cielo aparece mucho más oscuro.

Desde tiempo inmemorial la humanidad se remite al Sol para orientación de viajeros y medida del tiempo. Todas las culturas consideraron a este astro como origen de la vida, y algunas le atribuyeron cualidades divinas. En América los aztecas y los incas se creían descendientes del dios Sol. En el antiguo Egipto de los faraones el Sol fue tenido durante algún tiempo como dios único, llamado Atón. Y también fue una divinidad del panteón griego, bajo el nombre de Helios.

Colgado del cielo como una lámpara gigantesca, el Sol es el centro de nuestro sistema planetario. Todo gira alrededor de él, literalmente. Hace miles de millones que arde y consume su energía. Llegará el momento en que se agote y apague, pero los científicos todavía le calculan unos cinco mil millones de años de vida. La distancia que nos separa del astro rey, de unos 150 millones de kilómetros aproximadamente, es inconcebible para nosotros. El viaje hasta el Sol en avión de línea, si fuese posible, tardaría unos veintiún años. Sin embargo su luz y su calor llegan a la Tierra, porque la temperatura del Sol es de unos 6.000 °C en la superficie, y de muchos más en el interior, y además su tamaño es tan grande que cabrían en el Sol más de 300.000 esferas como la Tierra. Cuando lo vemos en el cielo nos parece un disco pequeño porque se halla muy lejos de nosotros.

Es saludable tomar el sol con moderación. La luz solar es imprescindible para la vida; contribuye a la síntesis de algunas vitaminas y potencia las defensas corporales. Cuando permitimos que la epidermis se adapte poco a poco, aumenta la cantidad de pigmento de la piel, que así se protege para evitar las quemaduras por insolación. En los niños estos mecanismos de pigmentación y mayor espesor de la piel todavía no están completamente desarrollados. Por tanto, se hallan más expuestos. Los síntomas son enrojecimiento de la epidermis, con quemaduras, dolor de cabeza, fiebre y vómitos en los casos extremos.

La conciencia de este peligro no debe coartar en modo alguno las actividades infantiles al aire libre. En los días soleados programaremos los juegos más activos para la mañana, y hasta las once como límite, que es cuando la irradiación todavía no ha alcanzado sus valores máximos. Del mediodía en adelante, por el contrario, se preferirán las distracciones más tranquilas y siempre a la sombra, bajo la protección de cañizos, doseles y quitasoles.

⚠ En todos los experimentos y juegos con la luz solar importa recordar que nunca se debe mirar directamente al astro.

¿Dónde está el Sol?

El astro solar se halla a una gran distancia de la Tierra. Además tiene un tamaño enorme, en comparación con el de nuestro planeta. Para que sea posible intuir distancias y proporciones, estableceremos un sencillo modelo bidimensional. Si empezamos con esta actividad, nos servirá de fundamento para todas las propuestas siguientes de este capítulo, ahorrando muchas explicaciones.

Edad: a partir de 4 años
Tipo: actividad
Lugar: camino largo o calle de un parque
Material: papel de forrar azul y amarillo, cinta métrica o cordel

Recortar del papel azul un disco pequeño, de sólo 0,7 cm de diámetro, que va a representar la Tierra (para dibujar la circunferencia puede servir una moneda de 1 céntimo). El Sol será un disco grande, con un diámetro de 70 cm, y lo recortaremos en papel amarillo (no es imprescindible que sea un círculo exacto).

Al aire libre medimos una distancia de 70 m aproximadamente (!). Para ello recorremos la distancia, habiendo determinado previamente cuánto mide cada uno de nuestros pasos, o la tomamos con un cordel después de medir los 70 m con ayuda de la cinta.

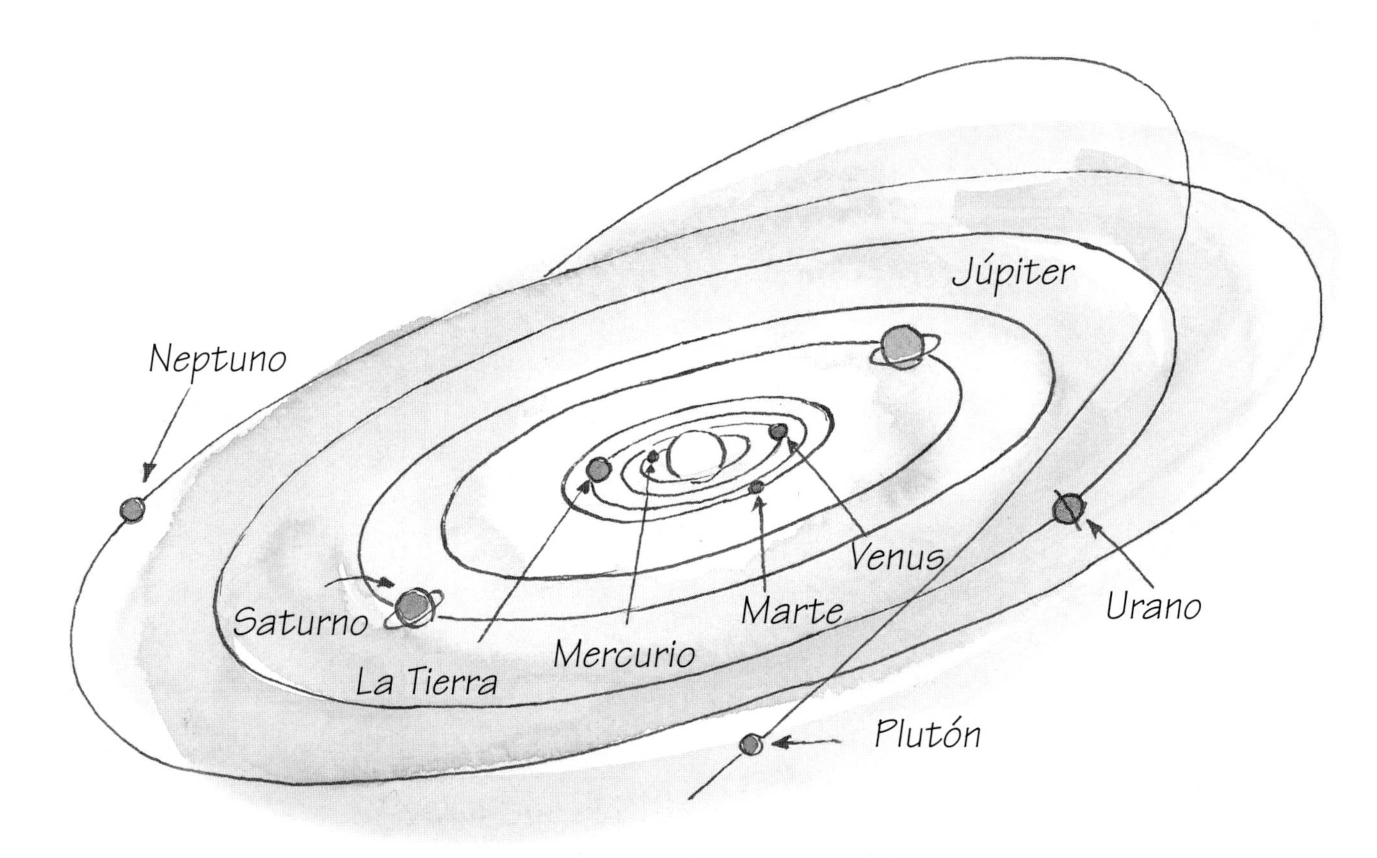

En uno de los extremos estará el Sol y en el otro la Tierra.

Asombra verlo: ¡quién iba a decir que nuestro Sol fuese *tan grande* y que se halla *tan lejos* de nuestra Tierra!

La carrera del Sol en la ventana

Visto desde la Tierra, el Sol realiza todos los días un largo viaje. El disco ardiente va de este a oeste cruzando todo el cielo. Una vez más nos engañan las apariencias. En realidad la Tierra gira sobre sí misma y el movimiento del Sol es aparente.

Edad: a partir de 4 años (hay una variante para niños mayores)

Tipo: experimento

Lugar: habitación con ventana grande orientada al sur

Material: tintas para vidrio o rotulador de tinta soluble en agua, gafas de sol

La ventana se convierte en una carta astral. De hora en hora, o cada dos horas, dos niños anotarán la posición del Sol marcando un punto en el vidrio de la ventana. Para hacerlo se pondrán sendas gafas de cristales oscuros. El observador debe colocarse siempre en el mismo lugar (marca en el suelo con tiza), y transmitirá al operador las instrucciones exactas («un poco más a la derecha», «más arriba», etc.), para que sepa dónde hay que colocar el punto exactamente. Al final de la jornada se dibujará la curva que enlaza todos los puntos horarios.

Variante para niños mayores

Los ya escolarizados escribirán al lado de cada punto la hora exacta y observarán cuál es el punto más alto de la trayectoria, a partir del cual la carrera del Sol empieza a declinar hacia el horizonte.

Como la altura solar varía según la estación, en invierno nos resultará una trayectoria mucho más baja que la dibujada en verano.

El Sol marca el camino

El saber no ocupa lugar y en días claros, los que sepan por dónde va el Sol no tienen pérdida. A mediodía la posición del disco solar marca exactamente la dirección del sur. Su carrera de este a oeste hace posible además una orientación objetiva.

Edad: a partir de 7 años
Tipo: experimento
Lugar: exterior, en día claro
Material: un reloj de pulsera o un despertador (tradicional de agujas, y previamente puesto a la hora solar), varilla de madera

Los niños que ya sepan leer la hora están en condiciones de determinar con exactitud los puntos cardinales con el reloj de pulsera (o empleando un despertador). Para ello se mantiene la esfera del reloj en posición horizontal, la aguja horaria (la más corta) apuntando exactamente al Sol. Ahora trazamos una línea imaginaria entre el centro de la esfera y el 12. La aguja horaria y la línea imaginaria forman un ángulo determinado (por la mañana, entre cualquier hora matutina y la imaginaria de mediodía; por la tarde, entre la imaginaria de mediodía y cualquier hora vespertina). La bisectriz de ese ángulo, es decir la línea que lo divide exactamente en dos, da la dirección del sur. Para establecer esa bisectriz nos ayudaremos con un palito. Y una vez averiguado esto, ¿hacia dónde queríamos encaminarnos?

Es una actividad interesante para animar los paseos o pequeñas excursiones.

El mundo al revés

Al concentrar los rayos por medio de una lupa pequeña o un simple orificio, se obtienen imágenes invertidas que son reales, es decir que pueden proyectarse sobre una superficie cualquiera en funciones de pantalla. Es el principio de la «cámara oscura». Tendremos la sorpresa de ver cómo las cosas no siempre salen según esperábamos.

Edad: a partir de 4 años
Tipo: actividad-experimento
Participantes: grupos de 2 o 3 niños
Lugar: exterior, en día soleado
Material: caja de embalaje grande (cartón de una lavadora o un ordenador, digamos de unos 60 × 60 × 100 cm), cinta adhesiva, papel blanco formato DIN A3, tijeras, punzón o aguja de hacer punto, material de decoración (papeles de colores, barras gruesas de colores a la cera)

Dentro de la caja de cartón deben caber dos niños por lo menos.

Construcción: Se recorta el fondo de la caja, de esta manera bastará colocarla sobre los niños. Para el experimento, la caja debe quedar totalmente impenetrable a la luz. De hallarse alguna rendija, se cubrirá con cinta adhesiva opaca. Evidentemente no debe cerrarse del todo la caja, ya que entonces no se podría respirar dentro de ella; en caso necesario, para el experimento se echará sobre las solapas un paño oscuro, una vez se hayan situado los espectadores.

Si prevemos que vaya a reutilizarse con frecuencia, podemos decorarla y rotularla con papeles y colores a la cera para darle el aspecto de un teatrillo.

En medio de una de las paredes laterales y hacia la mitad superior practicaremos un agujero circular de unos 3 mm de diámetro, o menos para empezar, puesto que siempre podremos ensancharlo en caso necesario. Para que la imagen proyectada tenga nitidez debe darse una relación determinada entre el diámetro del agujero y la profundidad de la caja.

En la pared opuesta a la del agujero pegaremos la hoja de papel blanco DIN A3 de manera que el centro de ésta quede alineado con el agujero, y servirá como pantalla.

Acción: La caja así preparada se llevará al exterior en un día soleado. Se necesita una iluminación intensa para obtener imágenes suficientemente claras.

Se colocará la caja sobre uno, dos o tres de los pequeños espectadores, que deben sentarse de manera que no se interpongan entre el agujero y la pantalla de proyección.

El lado que tiene el agujero se orientará hacia una escena animada y bien iluminada por el sol de verano.

La gran sorpresa es que tan pronto como los ojos se han habituado a la oscuridad, los niños verán en la «pantalla» la escena, pero invertidas las relaciones arriba-abajo y derecha-izquierda.

Perspectivas desacostumbradas

Por lo general siempre contemplamos las cosas desde el mismo punto de vista: a los humanos, de frente o de perfil; a los escarabajos, desde arriba; a los aviones, desde abajo. Pero ¿quién ha visto nunca a unos amiguitos y amiguitas directamente desde arriba o desde abajo?

Edad: a partir de 4 años
Tipo: actividad-experimento
Participantes: 4 niños o más
Lugar: interior y exterior
Material: Sillas, placa de vidrio, tarro de vidrio o de plástico transparente, insectos pequeños o caracoles del jardín

Los niños discutirán sobre cuáles son los animales que nos ven desde arriba (las aves, las mariposas, etc.) y cuáles desde abajo (las hormigas, los ratones, etc.).

La mitad del grupo se sienta en sillas repartidas al azar por la estancia, y contempla a la otra mitad desde la perspectiva superior, la de los pájaros.

Luego se ponen a gatas y miran desde abajo como el perro salchicha que camina por entre las piernas de la gente, o como un ratón.

A continuación se intercambian los roles.

Si quieren, los más curiosos pueden tumbarse en el suelo y dedicarse a contemplar las cosas conocidas desde esa perspectiva desacostumbrada. Hasta la mesa del comedor oculta algunas revelaciones interesantes. ¿No habrá escrito alguien un mensaje secreto en la parte inferior del tablero?

En el exterior: Al aire libre y en la naturaleza también se ofrecen observaciones fascinantes. Tumbados al pie de un árbol, los niños observan el ramaje y las hojas. O se arrodillan en el suelo y prestan atención, por ejemplo, a la actividad de un hormiguero.

En el tarro de cristal: Todavía es más emocionante cuando tenemos un escarabajo, un caracol o una lombriz dentro de un tarro. Levantando el recipiente se puede ver el movimiento por debajo y los detalles del diminuto monstruo, o la huella viscosa que va dejando el caracol en su camino.

El Sol pinta un cuadro

La irradiación solar destiñe los colores y esta propiedad se conoce desde hace muchos siglos. Mientras nosotros tomamos el sol para ponernos morenos, en cambio las telas y otras superficies teñidas que se exponen al sol pierden color. Por eso, en otros tiempos cuando aún no se conocían los blanqueadores químicos, las lavanderas tendían la ropa blanca en un prado y así les quedaba más limpia. En cambio las camisetas y demás prendas de color, si permanecen tendidas demasiado rato quedan con franjas más claras en las partes expuestas. También el cabello se aclara un poco durante el verano.

Edad: a partir de 3 años
Tipo: montaje
Lugar: exterior, a la luz del sol
Material: cartón DIN A4, papel blanco DIN A4, colores de acuarela o gouache, objetos pequeños y planos que sirvan como plantillas («stickers», hojas prensadas, tijera de las uñas, aros de goma elástica, alfileres, clips); eventualmente cartón de color o cartón ondulado para fabricar el marco

Pintar el papel a un solo color, o jaspeado. Alternativamente puede utilizarse papel azul del que se usa para forrar los cuadernos escolares, ya que el color azul destiñe con más facilidad.

Fijar el papel sobre el cartón formato DIN A4 por medio de gomas o clips.

Estos cuadros los colocaremos sobre el alféizar de una ventana soleada, o sobre la mesa del jardín si no es de temer que llueva o se los lleve el viento.

Sobre ellos, los niños colocarán los objetos que van a servir de plantillas. Conviene que sean de perfil muy característico, ya que definirán sobre el papel las siluetas que el sol no desteñirá (unas tijeras, un clip, una hoja prensada o una ramita, monigotes de animales o humanos recortados en papel opaco, o formas geométricas sencillas).

Fijamos estas plantillas con clips o alfileres para que no se muevan. Al exponer el cuadro al sol, la irradiación irá destiñendo el color de fondo. Quedará listo en horas o en algunos días, según los materiales y la intensidad de la insolación.

De vez en cuando podemos levantar un poco alguno de los objetos para comprobar si el contraste alcanzado es suficiente.

Marco: Si se quiere, puede enmarcarse la obra terminada en un rectángulo de cartón pintado o de cartón ondulado.

Luz que colorea

La naturaleza ofrece muchas posibilidades para observar la actividad del sol. Algunas superficies que reciben la irradiación se oscurecen (al revés de lo que ocurría en el experimento anterior). Cuando tomamos un baño de sol quedan regiones blancas, las que cubre el bañador o la pulsera del reloj. Las plantas necesitan el sol para producir la clorofila que colorea las hojas de un verde intenso, pero las que no reciben la luz amarillean.

Edad: a partir de 4 años
Tipo: experimento
Lugar: exterior, donde haya arbustos o árboles, por ejemplo un manzano
Material: papel negro opaco (media cuartilla para cada niño), clips de oficina, eventualmente etiquetas adhesivas

Recortar en el papel una ventana de forma redonda o poligonal, regular o no, y fijarlo con los clips sobre una hoja verde del árbol, es decir viva, de tal modo que el recorte coincida con el centro de la hoja. Lo dejaremos así como una semana. Al retirar el papel negro veremos que la hoja tiene dibujada la silueta en verde intenso; la parte que ha permanecido tapada está pálida o amarillenta.

Variante

Otro experimento similar puede practicarse con las manzanas que cuelgan de la rama en lugares bien soleados. Dibujamos pequeñas figuras en etiquetas autoadhesivas, las recortamos y las pegamos sobre las manzanas cuando todavía están verdes. Unas semanas más tarde habrán madurado y presentarán el hermoso color rojo habitual, ¡pero ornamentadas como nunca las habíamos visto antes!

Rayos de sol que bailan

Los rayos de sol bailan y también los niños disfrutan con la danza y el movimiento. Éste es un juego muy activo, que reclama capacidad de coordinación y reacciones ágiles.

Edad: a partir de 5 años
Tipo: juego
Participantes: 6 niños o más
Lugar: sala grande, o exterior
Material: tiza amarilla, hilo de lana amarillo, papel crepé amarillo, pelota amarilla de goma o bola de lana

La pelota va a representar el rayo de sol; en caso necesario la «vestiremos» con unas tiras largas de papel crepé amarillo o una cola de hilos de lana amarilla.

Uno de los niños se coloca en el centro y representa el Sol.

Arroja la pelota (el rayo de sol) a otro niño, e inmediatamente echa a correr hacia un tercero.

Mientras el segundo atrapa la pelota al vuelo y la devuelve sin pérdida de tiempo al centro, el tercero debe ir corriendo hacia allí y atrapar la pelota a su vez.

Si lo consigue, le toca el turno de arrojarla a uno de los del corro y echar a correr hacia otro, que será el que pasará a ocupar el centro, y así sucesivamente. Siempre habrá tres niños en acción al mismo tiempo.

Original visera

La irradiación solar intensa nos obliga a protegernos. La cabeza se defiende provisionalmente con un sombrero de papel de periódico, o un pañuelo con cuatro nudos. Es más divertido, sin embargo, fabricarse uno mismo algún tipo de gorro para las excursiones en días de mucho calor. A veces los niños llevan más a gusto esas improvisaciones que la típica y socorrida visera de jugador de béisbol. Así resultarán más entretenidos los juegos al aire libre.

Edad: a partir de 3 años (hay una variante para niños mayores)
Tipo: confección
Lugar: mesa grande de bricolaje, y exterior (con sol)
Material: cartones, gomas elásticas para gorras, sacabocados, barra de adhesivo, cúter con tabla

de trabajo, aguja de hacer calceta, papeles de colores, lápices de colores, plumas y borlas de lana para ornamentación; eventualmente papel opaco, cartulina negra, retales de telas, esterillas de paja

Preparación: ante todo confeccionaremos las plantillas (ampliar con la xerocopiadora, véase la página 32)

Recortar en cartón la visera y la tira de refuerzo calcando el patrón (o pinchando con una aguja todo el contorno para recortarlo luego).

Previamente se habrá tomado medida cotejando los patrones con la cabeza y escalando un poco el tamaño en caso necesario.

Para pegar las dos piezas: doblar en semicírculo la tira de refuerzo, doblar hacia fuera las lengüetas y pegar éstas en el borde inferior de la visera.

La tira de refuerzo debe quedar vertical con respecto a la visera. Hecho esto, que cada uno decore su visera como más guste.

Enhebrar la goma elástica por los agujeros y atarla para dejar bien ajustada la visera.

Variante para niños mayores

Para la gorra de rejilla, recortar la plantilla ampliada en papel opaco y repasar cuidadosamente todos los cortes con el cúter. Al encasquetarse la gorra la superficie se abre formando un casquete a manera de red.

Modelos de sombreros

Las formas tradicionales como el sombrero tricornio, el tirolés o el cordobés pueden recortarse en cartulina o cartón flexible del color que se prefiera, decorándolos también a voluntad. Dejemos que los niños desarrollen sus propias ideas. No se excluyen los turbantes exóticos hechos de retales de tela, ni los sombreros de paja que se confeccionan a partir de esterillas.

Desfile de modas: Una vez hayamos reunido cierto número de modelos veraniegos, escenificaremos tal vez un original desfile de presentación al aire libre, los niños sentados en dos filas dejando un pasillo por donde circularán dos o tres «modelos» que presentarán las novedosas creaciones.

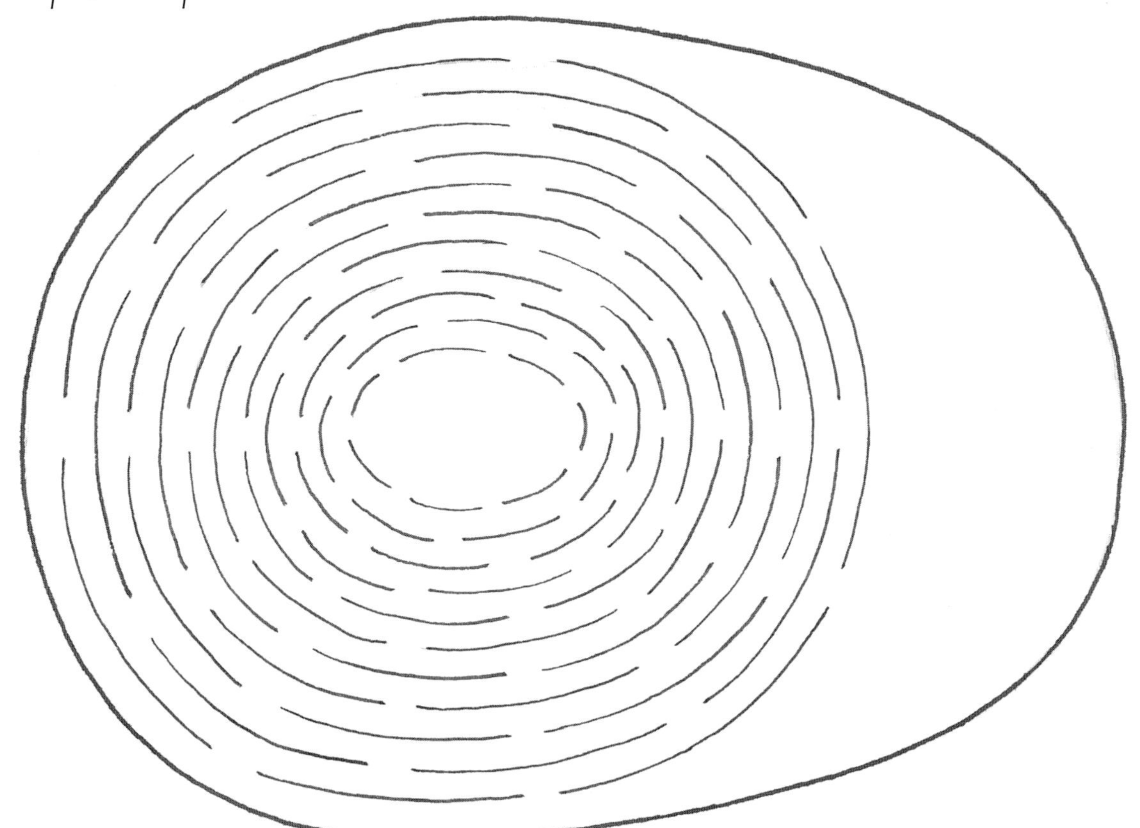

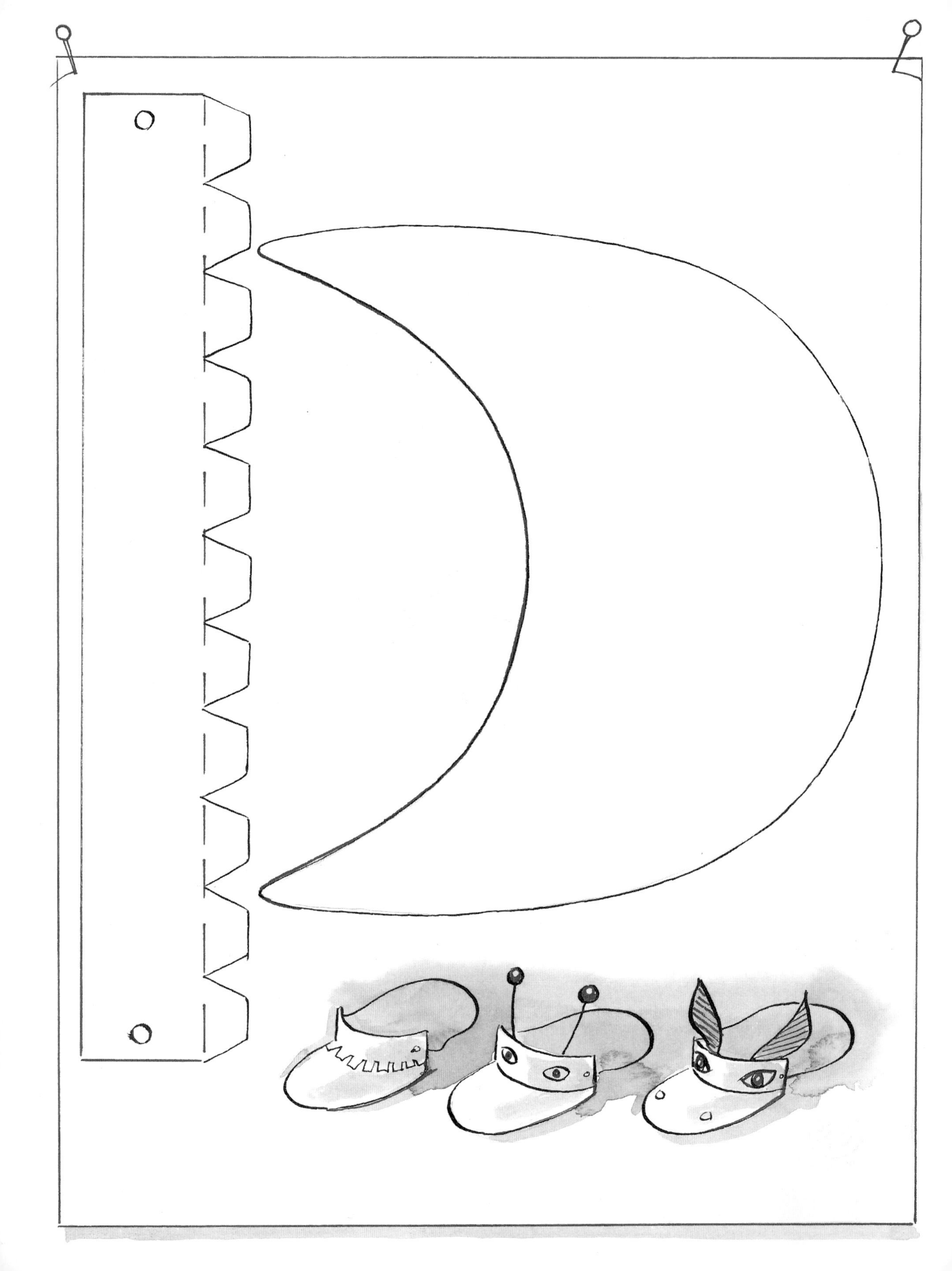

Gafas de nieve contra el deslumbramiento

Además de las gafas normales que sirven para corregir defectos de la vista, existen también las que tratan de proteger el órgano visual cuando la luz es demasiado intensa. Las gafas para la nieve tienen la abertura reducida a una rendija, lo que limita la cantidad de luz que incide sobre los ojos. Pero el efecto es similar a las de sol, y vienen siendo utilizadas desde hace siglos por los habitantes de las regiones árticas, siempre expuestos a la ceguera producida por la blancura deslumbradora de las planicies cubiertas de hielos eternos.

Edad: a partir de 4 años
Tipo: confección-actividad
Lugar: mesa de bricolaje y exterior, en día soleado de invierno
Material: retales de cartón o cartulina fuerte, papel, cúter con tabla de madera, aguja de hacer calceta
Preparación: calcar la plantilla (ampliar el modelo y repetir luego simétricamente de forma que resulte la forma de unas gafas completas), o sacarla de puntos con la aguja

Recortar la forma de las gafas, corrigiéndola según las medidas del sujeto. Recortar la rendija a la altura de las pupilas y doblar las patas hacia atrás.

Excursión: En un día soleado de invierno sacaremos a los niños con la propuesta de un viaje al polo cruzando la estepa nevada cubierta de un deslumbrador manto blanco de nieve. Durante el paseo comprobarán el funcionamiento de sus gafas.

Buena sombra en toda eventualidad

En estío, es un placer jugar bajo unas sombrillas fabricadas por nosotros mismos, mientras a nuestro alrededor el Sol parte las piedras.

Edad: a partir de 3 años
Tipo: montaje
Lugar: al aire libre, en un día soleado de verano
Material: una caña de bambú por niño (de 60 a 80 cm de largo), sierra de madera, tornillo de banco, papel de lija, grapadora, cola blanca, hilos de colores o cinta adhesiva, papeles de colores, lápices de colores
Preparación: para los más pequeños, confeccionaremos los quitasoles nosotros mismos dejando que ellos los decoren

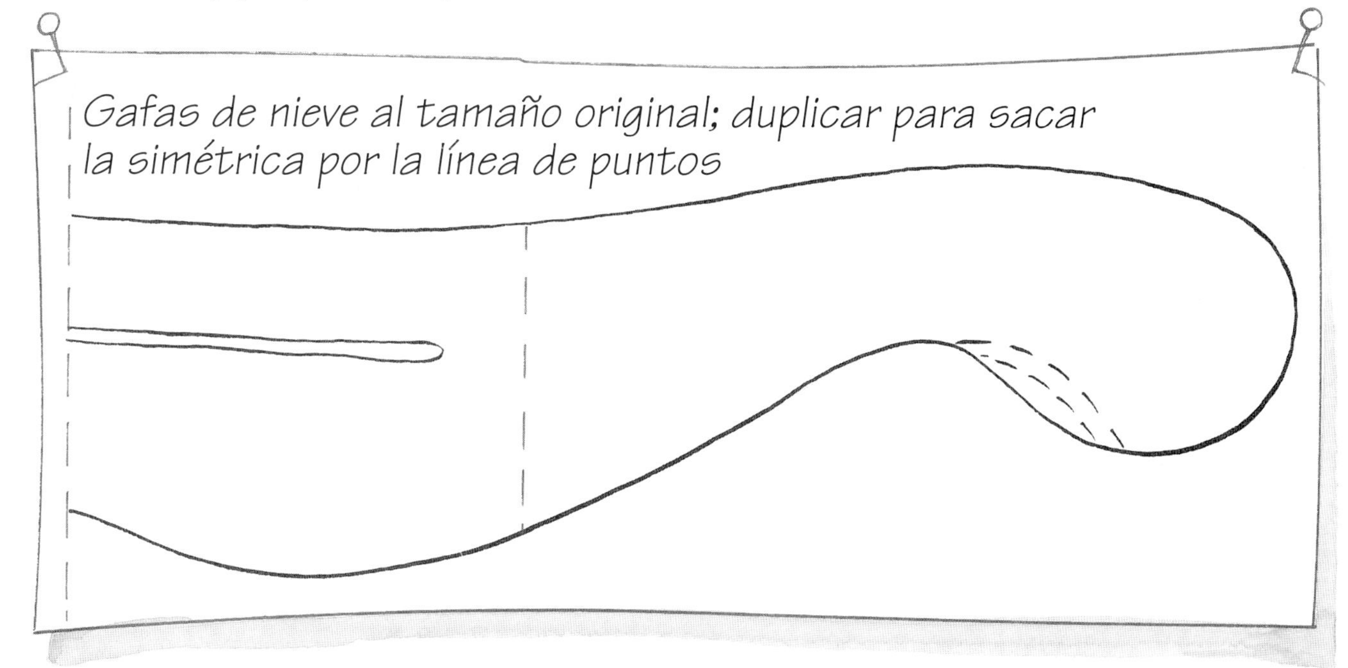

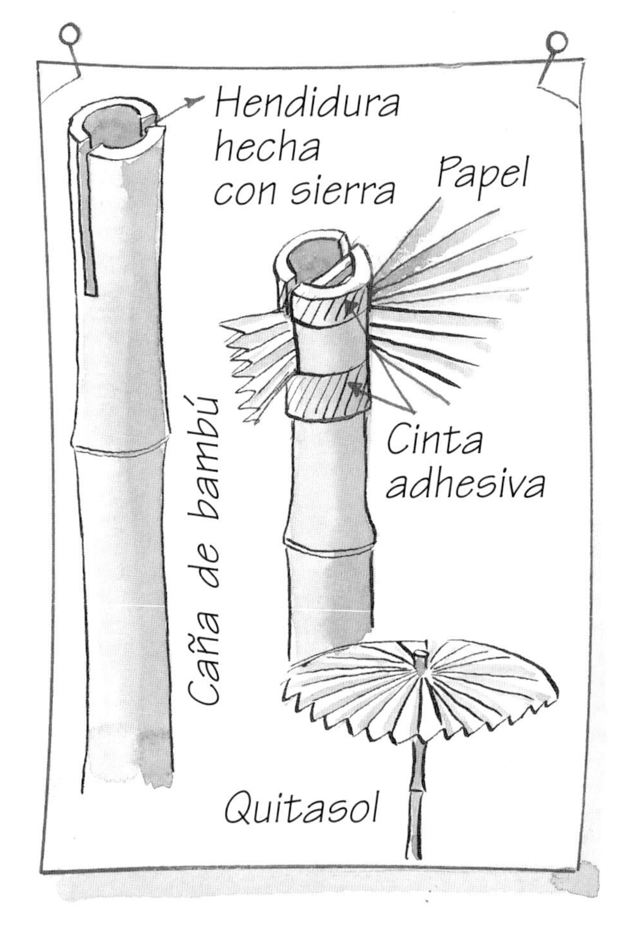

Cajón de caftanes

Una vez protegidos los ojos y la cabeza, estaremos en condiciones de realizar una excursión por las culturas meridionales. Es curioso pero los habitantes de esos países cálidos son muy dados en envolverse en telas amplias y ropas abuecadas, que protegen del calor que derrama ese sol de justicia.

Edad: a partir de 3 años
Tipo: confección-actividad
Lugar: mesa grande de bricolaje y al aire libre, si puede ser
Material: retales de telas claras (tamaño toalla como mínimo), eventualmente cortinas, sábanas, camisas y camisetas viejas; tijeras, aguja e hilo; tintes no tóxicos; eventualmente máquina de coser
Preparación: buscar los modelos de indumentaria exótica en geografías o enciclopedias.

Para cada niño repartiremos un bambú, hendido en un extremo a unos 10 cm de profundidad y 5 mm de ancho. A tal efecto montamos la caña verticalmente y la aserraremos con cuidado, procurando no romperla.

Para cada sombrilla uniremos tres tiras de tela de forro por el lado largo (pegar o grapar), de manera que se obtenga una superficie de unos 70 × 150 cm.

Plegar la tela en forma de abanico; las tiras serán de unos 3 cm de ancho y 70 de largo. Atar el centro con una cinta de papel, fijar introduciéndolo en la hendidura del mango y pegar.

Además envolveremos la caña por encima y por debajo con cinta adhesiva o gran número de vueltas de hilo de color, a fin de dar más solidez a la sombrilla.

Desplegar ahora los abanicos a derecha e izquierda y pegar las caras libres (o graparlas), tratando de imitar la forma de un quitasol japonés.

Ahora se puede adornar la sombrilla pintándola o salpicándola de acuarela.

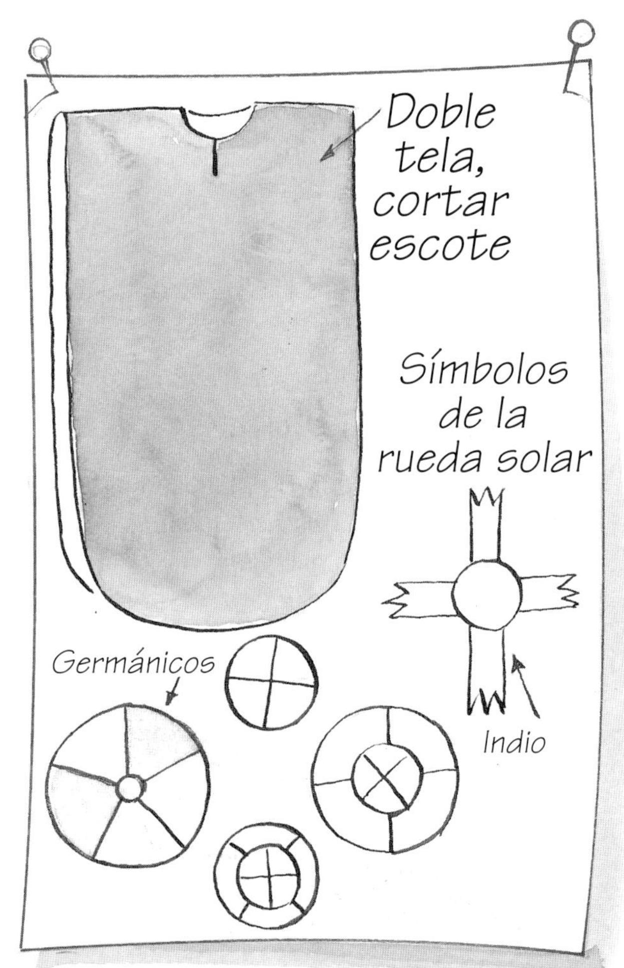

Para empezar los niños estudiarán los modelos étnicos ofrecidos. El que lo desee, que tome lápiz y papel para crear su propio modelo.

Una vez obtenidos los patrones, éstos fácilmente se transforman en saris y caftanes partiendo de sobrantes como cortinas y sábanas viejas, antiguas «combinaciones», camisas o camisetas talla XL del fondo de armario familiar (cortándoles las mangas).

Doblar la tela y recortar teniendo en cuenta los añadidos necesarios para coser dobladillos.

Recortar el escote.

Adaptar a la talla de los usuarios: el largo simple es el que va desde el cuello hasta los tobillos. Las piezas más pequeñas sirven para faldillas y echarpes.

Coser a mano o con la máquina los dobladillos, para que no se deshilachen las prendas.

Teñirlas a gusto del consumidor, por ejemplo pintándoles soles amarillos sonrientes, o símbolos de la rueda (que representan el Sol en muchas culturas antiguas).

Desfile de modas: Combinado, si se quiere, con la exhibición de los sombreros, los quitasoles, etc., el gran desfile de modas culmina adecuadamente esta actividad.

Baile: O bien una interpretación de danzas folclóricas, si podemos hacernos con las músicas correspondientes.

Paisaje de toldos

En verano, al aire libre, es fácil improvisar toldos que puedan montarse y desmontarse con pocas manipulaciones. Así aparecen ciudades de tela que invitan a divertidos juegos... a menos que uno prefiera holgazanear a la sombra.

Edad: a partir de 3 años
Tipo: montaje
Lugar: exterior, en día soleado de verano
Material: piezas grandes de tela ligera (del orden de 2 × 2 m), como sábanas viejas y manteles desechados, cortinas, piezas de saldos en colores claros, o *patchwork* de piezas cosidas; neceser o máquina de coser; varas de madera, cañas de bambú o similares (de unos 2,5 m de largo, tres para cada toldo triangular montado al aire, o cuatro si ha de ser rectangular), hacha o serrucho, cordel o cinta de algodón, tintes ecológicos o colores a la cera; ganchos de metal si pueden conseguirse

Preparación: hacer un dobladillo en las piezas y coserles cintas de algodón en las esquinas, que servirán para atarlas

Calar las puntas de la tela sobre los extremos de las varas y atarlos con las cintas o cuerdas.

Si el dobladillo tiene consistencia suficiente se le puede pasar la cinta directamente para mayor solidez.

Son más elegantes y se montan con más facilidad los toldos triangulares. Para ello podemos doblar la tela en diagonal y coserla.

Naturalmente, se dejarán luego los toldos en manos de los niños para que hagan la decoración como quieran, teniendo entendido que ese material no volverá a ser utilizado para sus fines originarios.

Mejora el aspecto de los toldos cuando se tienden de manera que dejemos colgando un reborde de unos 30 cm. Éste se recorta dibujando una onda o una línea quebrada en zigzag, lo que les confiere una estética decididamente levantina.

Las varas se clavan fácilmente en suelo de arena o de tierra húmeda. En caso necesario habrá que aguzarlas. Si se inclinan un poco hacia fuera mejora la estabilidad del conjunto. También podemos tomar apoyo en troncos cercanos, cobertizos de madera estables o sombrillas clavadas en el suelo.

Tendiendo en éste algunas mantas o esterillas ya podemos echar la siesta, o sentarnos en corro para escuchar uno de esos maravillosos cuentos orientales.

El ser humano y la luz: un viaje a través del tiempo

Con la ayuda de libros ilustrados y de Historia, los niños pueden transportarse al pasado y a las culturas de otros tiempos. Durante millones de años no existió otra luz sino la solar y la del fuego. Los humanos eran nómadas, y el sol su única fuente de luz y calor. El fuego apenas si lo conocerían por algunos incendios espontáneos. Luego llegaron a dominarlo, llevaron astillas encendidas a sus moradas y aprendieron cómo alimentar una fogata. Innovación revolucionaria que introdujo nuevas maneras de preparar los alimentos, así como la posibilidad de trabajar durante la noche bajo luz artificial. Más tarde inventarían maneras de encender fuego golpeando trozos de pedernal y pirita, o frotando maderos hasta que prendiese la yesca.

Las antorchas fueron la primera iluminación nocturna. En las ciudades romanas, por ejemplo, se alumbraban las calles con ramas envueltas en trapos empapados de alquitrán. Para andar fuera de casa, durante siglos ésa fue la única luz disponible y durante la edad media todos, desde los señores en sus castillos hasta el más humilde campesino se alumbraron con antorchas de pez y resina, teas (pedazos de madera muy resinosa, como las de pino y abeto) y velas de sebo. Todos estos medios daban poca luz y ahumaban mucho el aire. Más elegante fue la solución de las lámparas y candiles de aceite, conocidas también desde la Antigüedad.

Aún hoy día cuando «se va» la luz, lo primero que buscamos son unas velas. Los romanos y los etruscos ya las tenían hace dos mil años. Existían varios métodos para fabricarlas: rellenar de cera fundida un molde cilíndrico en cuyo interior se tensaba previamente la mecha, o envolver ésta regruesándola sucesivamente con varias capas delgadas de cera. Otro procedimiento muy popular consistía en colgar de un bastidor gran número de mechas; éstas se sumergían varias veces en un recipiente grande lleno de cera fundida. Después de varias inmersiones y extracciones sucesivas se obtenían los característicos cirios de forma cónica. Los poderosos usaban velas de cera de abeja, que arde con olor agradable, y los pobres se conformaban con las de sebo, que eran más baratas pero apestaban y echaban mucho hollín. La fabricación de las velas (con molde o por el sistema de enrollar placas de cera) está descrita en muchos libros de bricolaje, y para el grupo puede dar pie a una actividad tan interesante como idónea para introducir el tema de la luz. Si tenemos acceso a un horno para cerámica, podremos moldear en barro un sencillo candil de aceite como los que tenían los romanos, añadiendo una torcida de hilo de algodón y un poco de aceite. Todavía nuestros bisabuelos se alumbraban así.

Para nuestros antepasados la luz era algo valioso y que debía usarse con sentido de la economía. En la Edad Media, la carrera del Sol determinaba la duración de la jornada, palabra que significa precisamente «día de trabajo»: en verano se trabajaban más horas que en invierno, aprovechando la luz. Hasta el siglo XIX las personas dormían nueve horas y media diarias; hoy la iluminación artificial ha reducido el promedio de horas de sueño a siete y media. El trabajo nocturno con luz artificial era terriblemente perjudicial para la vista.

La gran innovación se produjo en el siglo XIX con la triunfal introducción de la luz de gas. En las lámparas de gas, éste pasaba a través de una fina malla de hilo incombustible, llamada «camisa», y se inflamaba al contacto con el oxígeno del aire, dando una luz blanca muy brillante.

Hasta la invención de la lámpara eléctrica, sin embargo, no quedó resuelto de manera definitiva el problema de llevar luz instantánea a cualquier lugar.

La luz, además de actividad posible, significa orientación para los humanos y los animales. Muchas especies se sirven de señales luminosas para encontrar a su pareja, y en esto nos llevan varios millones de años de ventaja, ya que saben producir su propia luz. Este fenómeno llamado bioluminiscencia lo consigue la naturaleza por varios mecanismos. Los peces abisales, algunos hongos y bacterias, y también las luciérnagas, naturalmente, alumbran su propio camino. Y por cierto que lo hacen con más eficiencia que nosotros, ya que transforman en luz un 80 o 90 por ciento de la energía consumida por el proceso, mientras que nuestras mejores bombillas de «bajo consumo» sólo dan un 20 por ciento de energía lumínica; el 80 por ciento restante se disipa en forma de calor.

Muchas de las ciudades modernas no duermen jamás, lo que implica un gasto enorme de energía. Debido a la difusión lumínica, el cielo nunca se oscurece del todo, y de ello proporcionan una demostración impresionante las fotos de los satélites: incluso las ciudades medianas vistas desde el espacio se ven todavía como puntos de luz, y las grandes metrópolis como manchas brillantes. Ese esplendor nocturno tiene sus ventajas y sus inconvenientes...

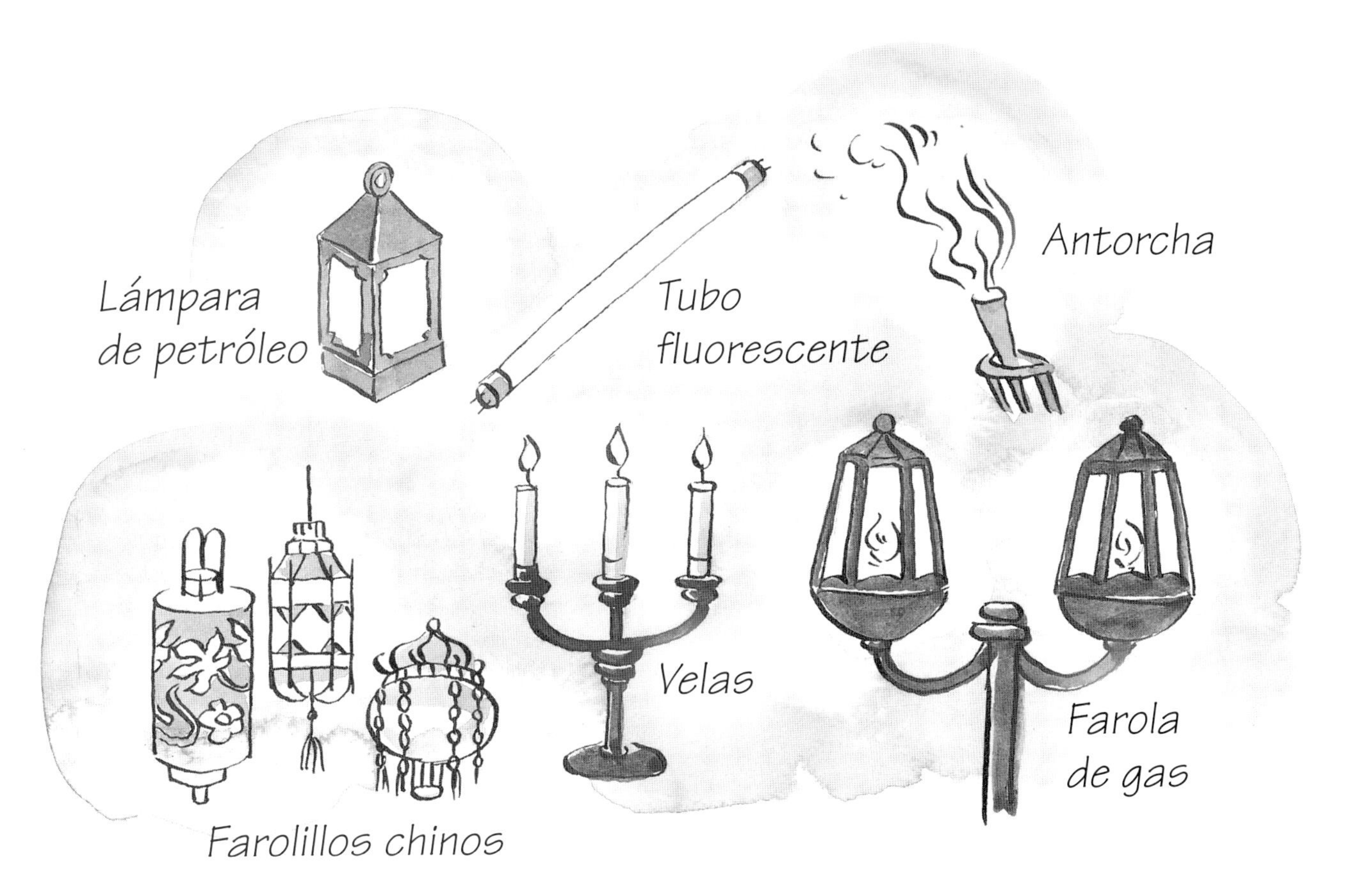

Luz indeseable, animales estresados

Nos gusta que haya luz, eso es obvio. Incluso de noche. La luz significa seguridad y dominio de la situación. Pero puede ser molesta a veces. Por ejemplo, para conciliar el sueño. Muchos animales tienen también problemas porque grandes barriadas de nuestras ciudades se hallan iluminadas toda la noche. ¿Cuáles son los animales nocturnos?

Edad: a partir de 4 años
Tipo: actividad
Lugar: distrito urbano, al caer la noche
Preparación: averiguar dónde hay posibilidad de observar animales (jardines con árboles donde aniden aves, murciélagos que vuelan cerca de murallas antiguas o del río que cruza la ciudad, lámparas con muchos insectos, etc.)

Tertulia, 1.ª parte: Los niños comentan cómo prefieren ellos pasar la noche. Por ejemplo, si cierran del todo las contraventanas o bajan las persianas de manera que no entre ni una pizca de luz. ¿O dejan una rendija para que los despierte la primera claridad de la mañana? Para nosotros todo esto es más fácil: con las cortinas y la luz artificial modificamos las condiciones a gusto.

Tertulia, 2.ª parte: ¿Qué hacen durante la noche los animales? Recogemos información. Los ritmos biológicos de los animales y las plantas se adaptan a las condiciones de luz ambiente, es decir al ciclo noche-día. Que los niños propongan ejemplos, como el periquito de Juanito, que todas las noches le tapan la jaula, o el mismo Juanito que debe acostarse a una hora determinada, por más que él preferiría quedarse mirando la televisión. En cambio el chucho de Elenita se queda dormido en cualquier lugar y a cualquier hora, aunque sea de día: no hace más que enrollarse y en seguida empieza a soñar.

Tertulia, 3.ª parte: ¿Qué hacen los animales que viven en libertad? Ellos también se guían por el sol y la luz. La artificial de muy largo alcance trastorna muchos de estos ciclos naturales. De noche muchos insectos fascinados por las farolas del alumbrado público revolotean alrededor de ellas hasta el agotamiento; millones de voladores nocturnos se queman así creyendo buscar la Luna, lo que a la larga produce la extinción de especies enteras. En las playas próximas a ciertas grandes ciudades, las tortugas recién nacidas en vez de correr hacia el mar como sería lo natural se extravían tierra adentro, engañadas por la luz. Nuestras torres de telecomunicaciones y plataformas petrolíferas en alta mar, permanentemente iluminadas, atraen a muchas aves que chocan con ellas. Los láseres de las discotecas y otras luces muy fuertes engañan a las especies migratorias que vuelan de noche y las desorientan. En los parques de las grandes ciudades, los pájaros cantan y comen toda la noche, privándose del necesario descanso.

Tertulia, 4.ª parte: Como era lógico, la ciencia ha empezado a encarar ya el problema. En algunas ciudades se han reemplazado las farolas del alumbrado público por otras más eficientes que no difunden la luz hacia el cielo sino hacia abajo, que es donde hace falta para poder circular con seguridad. Veamos si tenemos lámparas de ese tipo en las calles de nuestro barrio.

Excursión: Organizamos una salida nocturna para tratar de averiguar cómo se comportan durante la noche las especies de actividad diurna (perros, aves). Si el grupo es numeroso se formarán varios equipos que investigarán los diferentes biotopos. ¿Qué animales hay en los parques y jardines? ¿Qué otros viven en la proximidad de las casas? Los pájaros de hábitos diurnos suelen armar una gran algarabía cuando empieza el crepúsculo pero luego se esconden para pasar la noche. Algunas mascotas salen de paseo. Alrededor de las farolas se aglomeran especies de insectos que nunca aparecen durante el día, ¿dónde se esconden?

Tertulia, 5.ª parte: Al día siguiente los equipos comparan y comentan sus observaciones.

En busca de luciérnagas

Para muchos niños las luciérnagas son como los seres mitológicos. Estos insectos prácticamente han desaparecido de los entornos urbanos. Buscando un poco, sin embargo, quizá como actividad vacacional o aprovechando una pequeña excursión por el extrarradio, durante el verano y si nos movemos en un medio relativamente intacto es posible que consigamos observarlas. Es en dicha estación cuando ellas buscan pareja y encienden sus luces nocturnas. Habrá que esperar, sin embargo, ya que no entran en acción, generalmente, hasta las diez de la noche o más tarde.

Edad: a partir de 7 años

Tipo: actividad

Lugar: prado despejado, jardín asilvestrado con setos

Preparación: elegir un lugar donde sea previsible la presencia de luciérnagas. Los hábitats preferidos por esta especie son los setos vivos de los jardines, los prados húmedos y las lindes de los bosques con suelo calcáreo y muchos caracoles (de los que se alimentan las larvas de las luciérnagas). Para descubrir estos lugares haremos una encuesta entre personas conocidas del vecindario.

Eventualmente, buscar en libros de ciencias naturales para ver qué aspecto tiene la luciérnaga.

Para una expedición nocturna hay que llevar ropa que resguarde del relente o mantas, algún taburete o silla plegable, y linternas de bolsillo

Tertulia: Antes de la excursión el grupo comentará acerca de estos curiosos animales, y recogerá información acerca de ellos. ¿Alguno de los presentes ha visto ya una luciérnaga? ¿Cómo producen la luz? ¿A qué se dedican durante el día? Las especies más abundantes son la luciérnaga mayor o noctiluca (*Lampyris nocturna*), la menor o *Lamprohiza splendidula* y en América, el cocuyo o *Pyrophorus*. Aunque los llamen «gusanos de luz» no son gusanos, sino coleópteros. Las hembras de los lampíridos carecen de alas y viven en tierra; son ellas las que emiten luz para atraer a los machos.

El órgano luminoso presenta una estructura sorprendente, con una capa quitinosa perfectamente transparente a manera de «cristal», y una parábola interior compuesta de cristales microscópicos, todo ello muy similar a un faro de coche. La luz es debida a un complicado proceso químico que consiste en la oxidación de una sustancia particular, la luciferina, que catalizada por un enzima llamado luciferasa libera energía en forma de resplandor amarillo verdoso.

Después del acoplamiento las hembras de las luciérnagas excavan pequeños hoyos en el suelo y depositan en ellos racimos de huevos. Las larvas se alimentan principalmente de caracoles, y pasan la mayor parte del invierno bajo tierra, hasta que realizan la metamorfosis cuando llega la primavera siguiente. La fase de ninfa dura apenas una semana y finalmente salen los coleópteros adultos.

Excursión: Eventualmente puede combinarse la actividad con una excursión nocturna, o con otras actividades para evitar que la decepción sea demasiado grande cuando, pese a la exploración preliminar, no se logre avistar ninguna luciérnaga. Si se consigue una observación hay que permanecer sentados y muy quietos, ya que son animales muy sensibles y a la menor agitación apagan la luz y se esconden. En caso de éxito, suele recordarse siempre como una vivencia memorable.

Atrapa mi luz

Muchos niños conocen las luciérnagas y tal vez las habrán visto en la naturaleza. Saben que el macho acude atraído por la luz que emite la hembra, y que cualquier alteración las irrita haciendo que apaguen la luz. ¡A quién no le gustaría ser luciérnaga!

Edad: a partir de 4 años
Tipo: juego
Participantes: 8 niños o más
Lugar: habitación a oscuras, o al anochecer en el jardín
Material: linternas para la mitad de los niños

Repartimos las linternas entre los niños, uno sí y otro no. Todos se dispersan en la habitación o en un recinto exterior previamente acotado. Las linternas se encienden al arbitrio de sus portadores, cinco segundos sí y cinco no (aproximadamente; que los más pequeños cuenten cada vez hasta cinco para sus adentros). Los que no tienen linterna tratan de apoderarse de uno de los que sí tienen. Si lo consigue, quedan fuera de juego y la linterna debe permanecer apagada. De esta manera todos forman parejas hasta que se apagan todas las luces.

Velas inextinguibles

La llama tiene una magia peculiar. Crea un ambiente confortable, e invita a sosegarse y reflexionar. Atrae y retiene las miradas. El efecto se intensifica cuando agregamos pantallas curiosas de nuestra invención, como una calabaza ahuecada con agujeros que figuran ojos, nariz y boca. O hechas de papel multicolor, como los farolillos chinos. También sirven los botes viejos de hojalata agujereada. Las llamas serán las de nuestras velas de fabricación propia y otros medios con los que se domina elegantemente el fuego. No tardaremos mucho en montar todo un paisaje de luz.

Edad: a partir de 3 años
Tipo: montaje
Lugar: mesa grande de bricolaje, y ventana de alféizar ancho o mesa para disponer las luces
Material: tarros grandes y pequeños de mermelada y de encurtidos; velas normales y de té; papel opaco y transparente, cola blanca o pegamento para papel; alambre forrado (del que sirve para hacer ramos de flores, o cable eléctrico semirrígido Ø 0,6 – 2 mm), alicates, tijeras para cable; cordel, hilos de colores; chucherías decorativas como abalorios, bolas de vidrio, canicas, conchas, figuras pequeñas, etc.; eventualmente arena o gravilla, floreros y recipientes de laboratorio; también retales de tela, hojalata, papel de aluminio; colores para batik, tinta china, tintas de colores
Preparación: los niños recogen material reciclable como envases de vidrio, retales y sobras del cajón de bricolaje. Preparamos las herramientas alineándolas sobre un tablero, o correctamente ordenadas dentro de la caja de herramientas, como en un taller de verdad. Proteger la mesa de trabajo cubriéndola con papeles de periódico.

Las actividades de montaje y construcción ayudan a amenizar las tardes lluviosas de invierno. Cabe sugerir el asunto (un parque subacuático, todo en azul; un cielo con estrellas de todos los colores; una colección de arañas y bichos negros; o un grupo de alienígenas), pero también podemos dejar libre curso a la fantasía de los niños.

Si se les explican las posibilidades fundamentales, ellos no tardarán en decantarse por un tema u otro de acuerdo con sus preferencias. Tan pronto como pongan manos a la obra, las ideas acudirán por sí solas. Los objetos de cristal pueden ornamentarse por dentro y por fuera.

Variante 1

Recortar en papel transparente una serie de figuras, las que más gusten, para pegarlas sobre los tarros de vidrio por fuera (con pegamento transparente). No importa que se solapen las unas con las otras, así veremos los efectos de la mezcla de colores. Se pueden añadir otros motivos decorativos en papel opaco, o normal, que contrastarán en negro cuando se encienda la vela.

Variante 2

Enrollar alrededor de los tarros el alambre o los hilos de colores formando una especie de malla que nos servirá para fijar siluetas recortadas, hojas secas del otoño, plantas y objetos planos diversos de tela, hojalata o papel de aluminio.

Con los alicates doblaremos otros alambres en forma de símbolos meditativos, espirales y grecas. Engastamos los abalorios y las bolas de vidrio con otros alambres delgados, y colgamos entre éstos los demás objetos. Si formamos además unas asas de alambre, en verano podremos colgar los recipientes de una alcayata o una rama.

Variante 3

Crear paisajes enteros dentro de los tarros (anchos) de pepinillos. Llenamos un fondo de arena, gravilla o bolas de vidrio, y luego colocamos dos o tres lámparas de té. El resto de la superficie se ocupa con figurillas, por ejemplo un parque jurásico de dinosaurios, con ramitas que representen los árboles, o también con siluetas recortadas de papel de aluminio. Cuando oscila la llama de las velas parece que los objetos se mueven detrás del vidrio. Otro tema posible una acrópolis antigua con templos griegos y personajes moldeados en barro (no hace falta cocerlos, o también pueden ser de plastilina). O un circo de piedra clavando guijarros de forma alargada alrededor de una vela central.

Variante 4

Una reminiscencia del verano de 1999: el paisaje del eclipse. Un tarro de mermelada con muchas vueltas de hilo delgado. Entre éste y el cristal intercalaremos un disco de papel opaco amarillo, que será el Sol, y otro de papel negro. Al desplazar ambos, de manera que el disco negro cubra el Sol, se simula el eclipse.

Variante 5

Para otras posibilidades decorativas se recurre a los globos de paredes dobles.

Para ello nos agenciaremos dos tarros de tamaño diferente. El más pequeño debe caber dentro del más grande, y el espacio entre ambos se rellena de bolas de vidrio transparentes, abalorios, elementos botánicos secos, arena y conchas, recortes, o cuando el recipiente interior lleva un lastre suficiente, simplemente rellenamos de agua el intersticio.

Variante 6

Tubos de ensayo llenos de agua coloreada (colores de batik, tintas de colores y tinta china). Los tapamos y los clavamos boca abajo en una bandeja con arena. Si se quiere, añadir ramitas o flores, todo ello formando círculo y con una vela de té en el centro.

⚠ Atención a dejar siempre separación suficiente entre la llama y otros objetos que puedan incendiarse o romperse por efecto del calor. Según el tamaño del recipiente se usarán sólo de una a tres velas de té, ya que podría rajarse el vidrio. Los paisajes con velas encendidas no deben quedar sin vigilancia, ni se permitirá que los niños pequeños jueguen con la llama a solas.

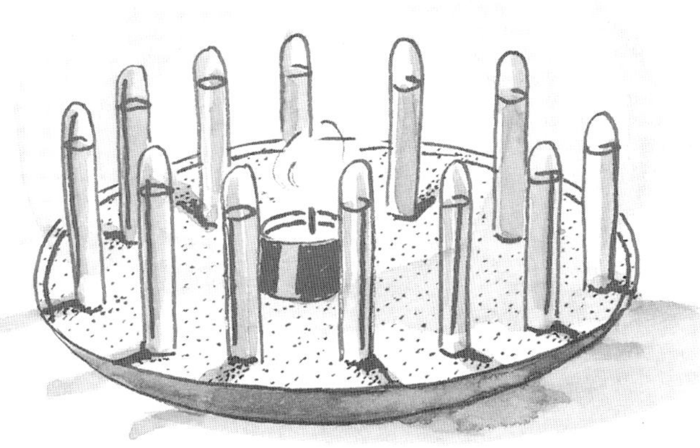

Farolillos de invierno

En los días oscuros y tristes que anuncian la llegada de la nieve, se necesita un estímulo añadido para conseguir que los pequeños salgan. ¿No podríamos ahuyentar la oscuridad con una gran campaña de iluminación? Las velas y el fuego nunca pierden su embrujo. Los faroles de hielo y de nieve son un invento nórdico que copiaremos cuando el invierno sea especialmente crudo.

Edad: a partir de 4 años
Tipo: actividad
Lugar: exterior, día invernal con frío y nieve
Material: cubos de plástico, agua, nieve, velas gruesas, eventualmente guantes de goma y globos de goma hinchables
Preparación: tomar la temperatura del exterior; debe ser bastante inferior a los 0 °C (helada intensa)

Para un farol cilíndrico de tamaño bastante grande se llena de agua un cubo de plástico que sea de forma cónica, y se deja al aire libre para que se hiele. Lo cual, según la temperatura exterior y el tamaño del recipiente, puede tardar varias horas, por tanto lo llenaremos por la mañana y lo vaciaremos al atardecer, o lo dejamos fuera toda la noche. Primero se congelan las paredes y la superficie, pero el fondo tarda más. Por tanto, inspeccionaremos el cubo varias veces para cerciorarnos de su estado. Las paredes han de alcanzar un espesor de 3 a 4 cm como mínimo. En ese momento volcaremos el cubo con cuidado y veremos que el núcleo todavía estaba formado por agua en estado líquido. Se desmoldea un recipiente cilíndrico de hielo, con paredes translúcidas.

Colocando en él una o dos velas gruesas, podemos tenerlo delante de la puerta de casa si no hace viento, o en el alféizar de la ventana. Dará luz durante varias horas.

Variante 1

Como *gag* añadido podemos crear manos y bolas de hielo. Llenar de agua unos guantes de goma y unos globos hinchables, atarlos y dejar que se congelen. Una vez hecho esto, abrimos el molde cortándolo con cuidado y extraemos la pieza con precaución, para que no se rompa. También pueden añadirse unas «ventanas», sacando las costras de hielo de los charcos helados y colocándoles detrás una lámpara.

Variante 2

Se trata de construir una lámpara-iglú, que da una claridad de aspecto fantasmagórico. Los niños amasarán unas docenas de bolas de nieve (del tamaño de un puño, aproximadamente) y las dispondrán en tierra, formando un círculo de unos 50 cm de diámetro. En el centro se colocan varios cirios gruesos. Ahora hay que hacer más pelotas de nieve para una segunda hilada un poco más estrecha, y sucesivamente ir cerrando hacia arriba hasta obtener una cúpula, sin hacer caso de los huecos que irán quedando entre las bolas. En la cima dejaremos una claraboya de unos 10 cm de diámetro para aireación y para encender las velas. La luz de éstas asomará por los huecos de entre las bolas de nieve.

Pantallas para lámparas

A pinceladas amplias, pronto se decora una pantalla de papel blanco. A los niños les gustará crear motivos personales para las lámparas que instalarán en su propia habitación o en la guardería.

Edad: a partir de 4 años
Tipo: montaje
Lugar: mesa grande de bricolaje
Material: farolillos japoneses sencillos de papel de arroz (en el comercio se hallarán de forma esférica o cilíndrica, en distintos tamaños), o pantallas de papel de construcción propia; colores a la aguada, tinta china, pinceles, hilo; eventualmente papel transparente, abalorios de vidrio

En primer lugar hay que montar las lámparas conforme al folleto de instrucciones que traen. El papel de arroz, tan delgado, admite ornamentaciones de mucho efecto, pintadas a la aguada y con tinta china diluida: escenas de fantasía multicolor o siluetas oscuras contrastan magníficamente y parecen cobrar vida sobre el fondo claro. Si se quiere, puede sugerirse un tema obligado para el grupo, como «siluetas oscuras de transeúntes bajo un chubasco de otoño», «cumpleaños de un niño con fiesta de disfraces y muchos globos de colores», etc.

Variante

Colgar de la lámpara sartas de bolas de vidrio de distintos colores, o de recortes hechos en papel transparente.

⚠ No diluir demasiado los colores, porque el agua empaparía el papel de arroz y podría romperse. Las acuarelas y la tinta corriente no sirven porque destiñen pronto. No recargar los motivos decorativos, hay que evitar el oscurecer demasiado la pantalla o farolillo.

En el país del arco iris: la luz convertida en color

El color es una impresión subjetiva causada por estímulos que recogemos del ambiente. Al mismo tiempo, sin embargo, los colores son un fenómeno físico, y también son materia: los pigmentos, pinturas, ceras y masillas que utilizamos para nuestras obras de arte y construcciones. Vamos a familiarizarnos con todos estos aspectos mediante algunos experimentos.
La luz del sol parece blanca, o transparente, a nuestra vista. En realidad es una mezcla de todos los colores del arco iris: violeta, azul, verde, amarillo, anaranjado y rojo. La suma de todos estos colores da el blanco. Diversos artificios permiten descomponer la luz en los colores integrantes. Al efectuar la recomposición de éstos, a veces resultan matices muy distintos de los que esperábamos. Por ejemplo, si miramos al trasluz una lámina transparente roja y otra verde, la parte en que se superpongan parecerá amarilla; y si fuesen verde oscuro y lila, al ponerlas en coincidencia aparece el color azul. Esta observación sorprendente contradice las primeras experiencias cromáticas de los niños, que suelen ser mezclas de colores pintados sobre papel blanco. En este caso sucede todo lo contrario: que cuantos más colores se emborronan, más oscuro y difícil de precisar queda el resultado. El rojo con el verde da un marrón indefinible; el verde con el lila, un gris difuso. La revelación más interesante de este capítulo es que hay dos clases de colores, que originan en nosotros estímulos diferentes: el fenómeno óptico abstracto y el material tangible.

En primer lugar nos fijaremos en los pigmentos que utilizamos para pintar. Son sustancias químicas que absorben, es decir «se tragan» determinadas parte del espectro lumínico y reflejan o «devuelven» otras. El color que nosotros vemos es el que refleja la superficie pintada o teñida. Es el caso de los lápices, las ceras, y las pinturas de tubo, por ejemplo. Los pigmentos que contienen antiguamente eran de origen mineral o vegetal. A partir del siglo XIX se descubrió cómo elaborarlos por síntesis química.

El hombre primitivo sintió ya el deseo de expresarse por medio de los colores, y lo intentó al principio mediante las tierras, el negro de humo y los tintes de origen vegetal. Los descubrimientos de los europeos en remotos continentes ampliaron la gama disponible.

Es más difícil la interpretación del color en tanto que fenómeno óptico, es decir que afecta directamente a la luz. Las primeras explicaciones fueron propuestas hacia los siglos XVII y XVIII por científicos como sir Isaac Newton (1643-1727). La luz blanca sometida a refracción al paso por un prisma de cristal se descompone en todos los colores del arco iris que la forman, ya que cada color tiene su propio índice de refracción y emerge por la otra cara del prisma bajo un ángulo ligeramente distinto. Estos experimentos pueden reproducirse con facilidad y proporcionan una visión inmediata de lo que aquí se describe.

En la actualidad admitimos el modelo que describe la luz como un fenómeno ondulatorio: según su longitud de onda, el ojo percibe un color determinado. Dicho sea de paso, no todos los animales ven los colores, por carecer de unas células especiales de la retina llamadas «bastoncillos». Muchas especies lo ven todo en blanco y negro, o sólo captan una banda reducida del espectro; por ejemplo las abejas no ven el rojo, aunque sí el ultravioleta, que es invisible para los humanos. Se cree que tampoco los toros ven el rojo de la muleta, sino que embisten al trapo que se agita. Y que los perros y los gatos ven una gama mucho más corta que la nuestra. Se sabe también que algunas personas no distinguen determinados colores; la variante más habitual de esta anomalía es la dificultad para diferenciar entre el rojo, el verde y el gris.

Que la percepción cotidiana de los colores no es objetiva, lo hemos visto ya con el experimento de los complementarios (capítulo primero, página 9). Cada persona los ve de manera algo distinta, y no hace falta que un grupo sea demasiado numeroso para descubrir esas diferencias: si preguntamos de qué color está pintada la pared, a lo mejor donde unos dicen «turquesa» otros contestan «gris verdoso», o «verde claro», o «azul claro». La percepción del color, que en este caso es luz reflejada como se ha dicho antes, también depende de la luz que incide. Cuando ésta no es blanca todos los matices cambian (como ocurre con la luz de las velas y la de las bombillas corrientes, que tienen superior proporción de rojo).

Lo mismo que la música y los aromas, los colores influyen sobre el estado de ánimo. Lo vemos todo rojo cuando nos enciende la ira, y todo negro cuando estamos desesperados. Nos ponemos verdes de rabia, y amarillos de envidia. Disfrutamos una hora azul y la teoría nos parece gris comparada con la vida. Cualquier manual de decoración empieza por transmitir algunos conceptos de psicología de los colores, por ejemplo que las habitaciones pintadas en rojo estimulan o excitan, que los tonos suaves beis y pastel crean una atmósfera sosegada y acogedora, y que el verde claro y el azul celeste son tranquilizantes.

La naturaleza ha dotado a los colores de significados que se captan intuitivamente. El rojo suele significar peligro (es el color con que algunos insectos venenosos advierten a sus posibles depredadores), pero también simboliza la tentación y la fruta sabrosa; en parte la civilización ha adoptado esta significación (disco rojo de los semáforos, tarjeta roja, señales de prohibición rojas). Lo multicolor atrae a la posible pareja (las aves se visten de colores en primavera, y las flores llaman así a los insectos que deben polinizarlas). También la riqueza del colorido en carteles publicitarios y envases va dirigida a llamar la atención de los consumidores.

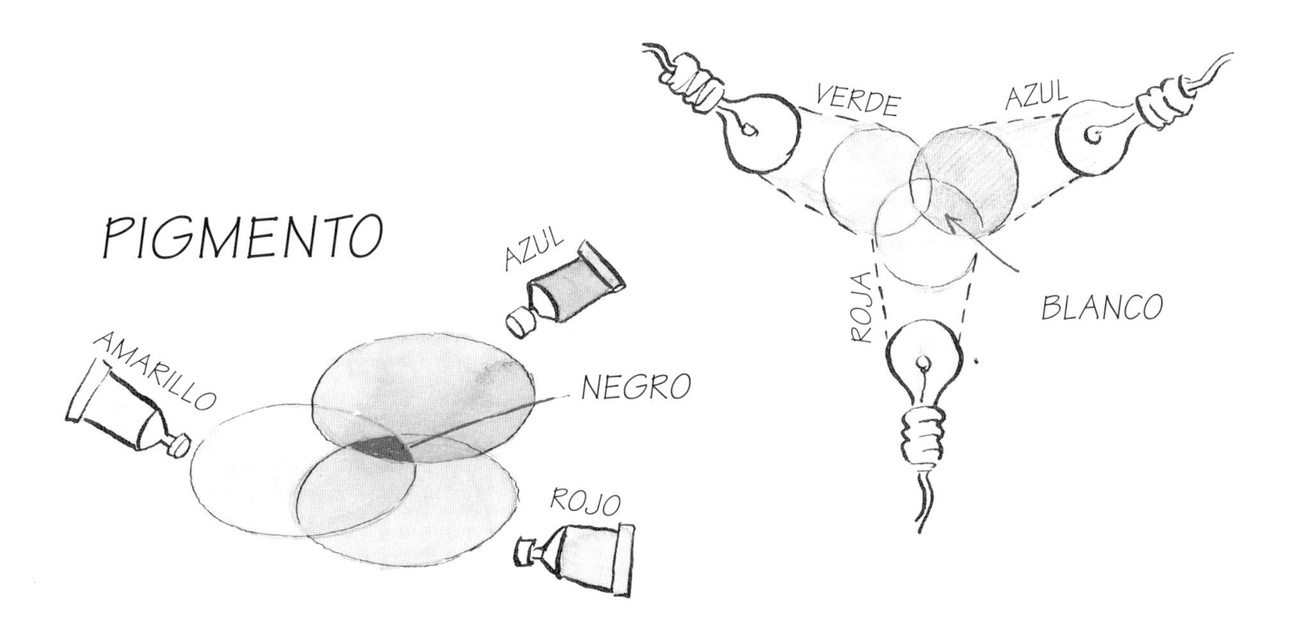

Veo, veo

Viejo juego de adivinanza, de indestructible popularidad, que utilizaremos para introducir el tema de los colores y que nos conducirá a preguntarnos: ¿de qué nos sirven los colores? ¿Sería tan diferente la vida si lo viéramos todo en blanco y negro?

Edad: a partir de 4 años
Tipo: juego
Participantes: 4 niños o más
Lugar: interior o exterior

«Veo, veo... una cosita... y es de color... ¡verde!», empieza uno de los niños del corro, procurando no volver la mirada hacia el objeto aludido. Los demás anuncian sus hipótesis. El primero que acierte hereda el turno de preguntar.

Variante

En esta variante el acertijo no se refiere a ningún objeto existente en la habitación, sino a un concepto abstracto. Por tanto la definición tendrá que ser un poco más detallada. Por ejemplo: «¿Una cosa verde que pincha?» «¡Un cacto!», exclaman todos, y aciertan. La dificultad va aumentando. «¿Colorada con puntitos blancos?» «¡Una mariquita!», sugieren tres mentes ágiles. «¡No!» «El colchón flotador hinchable.» «¡No!» «La nariz de Juan después de pasar toda la mañana en la playa», propone la astuta Belinda. «¡Correcto!»

Como antes, el primero que acierta pasa a plantear la adivinanza siguiente.

El juego de las sillitas

Otro pasatiempo tradicional, aquí en variante cromática. En los distintivos, además de los colores fundamentales aparecerán combinaciones como el lila y el ocre. Los niños de más edad aprenderán a distinguir matices incluso más difíciles como el azul celeste, el azul turquesa, etc., a fin de ir entrenando la apreciación de estas diferencias y enriquecer conceptos.

Edad: a partir de 4 años
Tipo: juego
Participantes: 8 niños o más
Lugar: corro de sillas
Material: tiras de papel o tela de varios colores

Repartiremos a todos los niños tiras de distintos colores para que las usen como distintivos. Cada color se repetirá dos veces por lo menos, tres o cuatro veces si el grupo es muy numeroso.

Todos se sientan en las sillas formando círculo, excepto la maga o el mago elegido a suertes, que permanecerá de pie en el centro y anunciará algo por el estilo de «azul con azul», o «blanco y blanco». Entonces los que lleven el distintivo del color nombrado se pondrán de pie en un salto. Todos ellos, y también el que está en el centro, tratarán de hacerse con una de las sillas vacías. El que finalmente se queda sin silla pasa a dirigir el turno siguiente. La particularidad de este juego consiste en que los colores no sólo se aprecian con la vista sino que incitan a emprender una actividad.

La caza de los gnomos

Los juegos agitados sirven para llevar animación a un grupo numeroso. En este juego de persecución los niños aprenderán los nombres de los colores mixtos, suponiendo ya conocidos los fundamentales.

Edad: a partir de 4 años (hay una variante para niños mayores)
Tipo: juego
Participantes: 8 niños o más
Lugar: exterior
Material: ropa vieja que se pueda manchar, o traje de baño; bandejas irrompibles, reloj de arena o temporizador, colores no tóxicos (de venta en comercios ecológicos), eventualmente harina, agua
Preparación: que los niños vistan prendas manchables (camisetas o batas viejas, o traje de baño)

Fórmula para colores compatibles con la piel: mezclar 60 g de harina de trigo con 200 ml de agua fría y remover.

Llevar a ebullición medio litro de agua en un cazo, añadir la papilla previamente preparada, remover continuamente y retirar en cuanto arranque a hervir.

Echar pigmento no tóxico en la masa enfriada y remover.

Uno de los niños será el cazador o cazadora y se embadurnará las manos con una generosa cantidad de pintura.

Tiene dos minutos exactamente para dar un manotazo a los gnomos que corren alrededor de él.

Quien haya recibido la mancha de pintura debe inmovilizarse como si un encantamiento lo hubiese convertido en un enano de jardín.

En el turno siguiente, otro cazador repartirá manchones de pintura de otro color distinto.

Una vez agotados los colores disponibles haremos el recuento de los que han sido cazados, y observaremos el efecto de las mezclas. El cazador que haya hecho más presas será el ganador. Es recomendable pasar seguidamente a la actividad de lavarse y cambiarse.

Variante para niños mayores

Los gnomos de más edad cuando reciban la mancha de pintura no se quedan hechos unas estatuas sino todo lo contrario, les entra la fiebre de los gnomos y procuran obstaculizar la actividad del cazador con gritos y ademanes desaforados (pero se prohibe el contacto personal).

Rojos y azules, o los cazadores cazados

Éste es un turbulento juego de persecución con alternativas rápidas que exigen capacidad de reacción, ya que los cazadores pueden pasar a ser cazados en cualquier momento. Las divisas sirven para poner de manifiesto el significado abstracto de los colores.

Edad: a partir de 4 años
Tipo: juego
Participantes: 8 niños o más
Lugar: sala grande, o exterior
Material: tiras rojas y azules de tela o papel, o colores compatibles para la piel, imperdibles, sendos discos de cartón rojo y azul

El grupo se divide en dos bandos, el de los rojos y el de los azules.

Los rojos se identifican mediante distintivo rojo bien visible, y similarmente los azules. En verano y en traje de baño, pueden pintarse la piel del color correspondiente.

Se saca a suertes quién hará de «semáforo», que será quien reciba los discos rojo y azul.

Los niños echan a correr por el perímetro y el «semáforo» levanta el disco rojo o el disco azul. Cuando esté alzado el rojo, por ejemplo, serán cazadores los rojos y cazados los azules. Los que hayan sido «atrapados» quedan fuera de fuego. Al cabo de un rato el niño que tiene el semáforo cambia el disco y se permutan los roles.

Variante

Para medir el tiempo que corresponde a cada bando, el «semáforo» puede recitar cierto número de veces unas rimas infantiles del tipo:

Pito pito colorito,
dónde vas tú tan bonito.
Pito pito colorito,
dónde vas tú tan bonito.
A la acera verdadera,
¡pim! ¡pam! ¡fuera!

[Musicado por Federico Mompou en *Tres comptines*, n.° 3, 1943.]

Todo el espectro

La luz solar blanca se descompone en los colores que la integran recurriendo a diversos artificios. Como por arte de magia conseguiremos ver todo el espectro.

Edad: a partir de 4 años
Tipo: experimento
Lugar: habitación con pared blanca y ventana orientada al sol
Material: vaso de agua cilíndrico sin decoración; papel negro opaco (de aprox. 20 × 40 cm); papel blanco, tijeras o cúter con tabla para cortar; bandeja plana, agua, espejo de bolsillo

Doblar por la mitad el papel negro y colocarlo con una parte levantada como se ve en el esquema, después de recortar en ella una ranura longitudinal de 1 cm de ancho.

Levantar la solapa con la ranura en ángulo recto.

Colocar la hoja de papel blanco sobre la mesa, al lado y un poco más baja que el alféizar de la ventana. Delante de la ranura colocaremos el vaso transparente lleno de agua.

Se posicionará todo el dispositivo de manera que la luz del sol incida en la ranura del papel negro.

Sobre el papel blanco veremos proyectados todos los colores del arco iris.

Variante

Llenar de agua una bandeja plana. Por la mañana o por la tarde, según cuál sea la hora en que el sol incide de lleno en la ventana, ponemos la bandeja en el alféizar, cerca de una pared blanca.

Entonces sumergimos el espejo de mano en el agua, la superficie reflectante mirando hacia la luz, y lo movemos hasta que el reflejo irisado se proyecte sobre la pared blanca contigua.

Arco iris por arte de magia

La luz del sol además de resaltar los colores de los objetos, crea otros como por arte de magia. Muchos niños habrán visto ya el arco iris en el cielo después de un chubasco. Ahora les enseñaremos cómo se produce un arco iris a voluntad.

Edad: a partir de 4 años
Tipo: experimento
Lugar: exterior, en día veraniego y soleado
Material: manguera de jardín con nebulizador
Preparación: eventualmente, ponerse el traje de baño

Coloquio: Comentario sobre el arco iris, en corro: ¿quién ha visto alguno?, ¿cómo ocurrió?

Información: El efecto óptico se produce cuando hay lluvia o niebla (formada por diminutas partículas de agua) y el sol se halla a escasa altura sobre el horizonte.

- En realidad el arco iris es la parte que vemos de un círculo completo (como puede observarse cuando lo divisamos desde un avión).
- El observador ha de tener el sol a su espalda.
- Cada gota de agua funciona a manera de prisma, que al refractar la luz solar la descompone en los colores fundamentales.
- Los colores visibles son siempre los que se proyectan directamente hacia el observador.
- La luz azul se desvía más que la roja, por eso el borde exterior del arco iris corresponde al rojo, y el interior al azul-violeta.
- El arco principal es el que aparece con los colores más intensos.
- A veces se producen dos o más reflexiones simultáneas en las gotitas de agua, de ahí que aparezcan uno o dos arcos iris suplementarios superpuestos al primero, pero el segundo presenta los colores invertidos y contraste muy inferior.

Experimento: En día veraniego despejado y de mucho sol, la magia de una manguera de jardín nos servirá para conjurar el arco iris. Hay que colocar una boquilla de las que difunden el agua en forma de niebla fina. Al dirigirla diagonalmente hacia el sol, la cortina de agua tomará todos los colores del arco iris. Si no se consigue a la primera, lo intentaremos modificando el ángulo y la potencia del chorro. Y no nos importe si salimos un poco empapados, ya que el sol lo va a secar todo en cuestión de minutos.

¿Quién descubrirá los más bellos colores del arco iris?

Las gotitas de agua que se hallan en suspensión funcionan a veces como pequeñas lupas y dispersan los colores de la luz a la manera del arco iris. A pequeña escala el efecto puede observarse en muchos lugares de la naturaleza.

Edad: a partir de 4 años
Tipo: actividad
Lugar: interior o exterior, con sol
Material: placa de vidrio, lupa; eventualmente bandeja de color oscuro, aceite de máquinas; eventualmente agua jabonosa para hacer pompas, o detergente doméstico, agua y azúcar
Preparación: elaborar la solución jabonosa para las pompas con detergente, agua y un poco de azúcar

Los niños buscarán distintas maneras de obtener irisaciones efímeras, como echar el aliento sobre una placa de vidrio puesta al sol y examinar mediante una lupa la película de humedad que se ha formado. Sobre la superficie mate se ven todos los colores del espectro.

Variante 1

Echar una gota de aceite de máquina sobre una bandeja de color oscuro con agua. La película de aceite tiende a ocupar toda la superficie del recipiente, y se observa una mancha circular irisada, que recuerda los colores de las pompas de jabón a contraluz.

Variante 2

Los niños echan pompas de jabón al aire y procuran seguirlas con la vista el mayor rato posible.

Casi automáticamente, a ellos mismos se les ocurrirán otros ejemplos. La naturaleza se reviste de colores irisados a menudo, por ejemplo en las alas de las mariposas, las plumas de las aves, las escamas de los peces o las telarañas mojadas por el rocío al amanecer.

Figuras irisadas de alambre

Vistas a contraluz bajo el sol, las pompas de jabón exhiben todos los colores del arco iris. Las encontramos siempre que se disuelve jabón en agua: al lavar los platos, o en la bañera. Hay también mezclas comerciales para hacer pompas. Con la ayuda de unos alambres pueden formarse figuras hechas de una sutil lámina irisada, ya que cualquier bucle cerrado retiene una película de agua jabonosa.

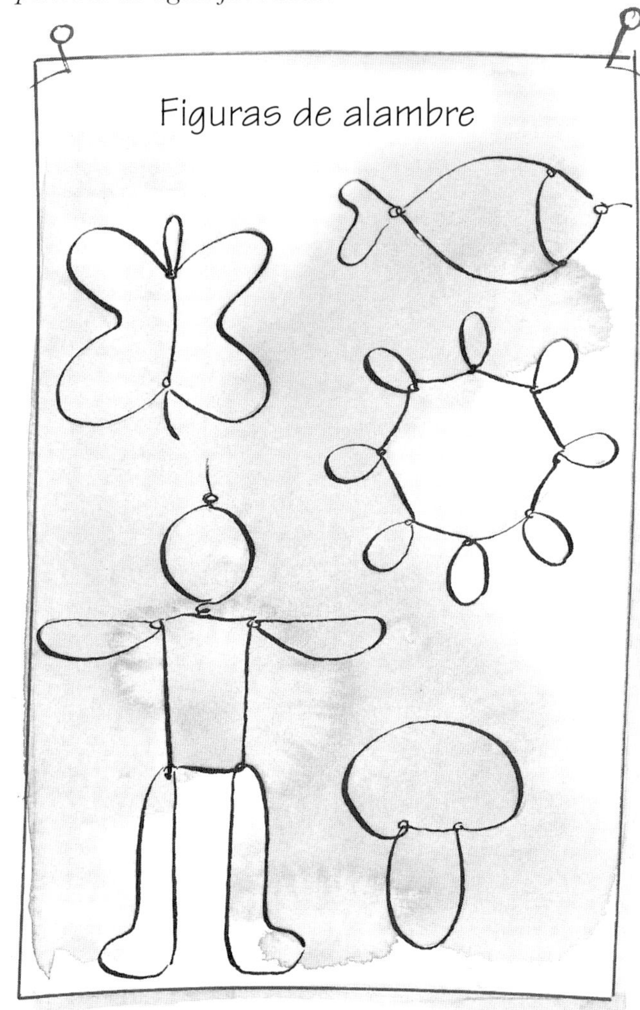

Edad: a partir de los 4 años
Tipo: montaje-actividad
Lugar: mesa de bricolaje
Material: alambre semirrígido como el de atar ramos de flores (Ø 0,6 a 0,8 mm), alicates pequeños, detergente, agua y azúcar, o solución comercial para pompas de jabón ya preparada; eventualmente aceite
Preparación: elaborar la mezcla para pompas con el detergente, el agua y un poco de azúcar

Trabajamos el alambre doblándolo para elaborar contornos simplificados de animales y humanos o sencillas figuras planas (tal vez copiando dibujos de mariposas o flores), que no sean demasiado grandes. Es mejor formar muchos bucles pequeños que pocos y grandes. Sumergir las piezas en el líquido, mezclando eventualmente a éste una gota de aceite para acentuar el colorido. Dan muy buen resultado las figuras de mariposas, peces, flores, libélulas, cuyos modelos reales también presentan irisaciones.

Puzzle de pautas

Cuando varios colores se repiten regularmente o siguiendo un dibujo determinado, resulta una pauta. La naturaleza nos ofrece numerosos ejemplos, desde el cielo azul moteado de nubecillas blancas que parecen ovejas, pasando por el sembrado verde con amapolas rojas, hasta las combinaciones negro-amarillo de la piel de una salamandra o las rayas de la cebra. Con un poco de capacidad de abstracción y combinación, un trozo recortado permite adivinar cuál es la pauta que corresponde a la pieza entera.

Edad: a partir de 4 años
Tipo: manualidad-juego
Lugar: mesa de bricolaje
Material: lápices de colores, cartulina, caja de zapatos o cesto, catálogos viejos, revistas o calendarios, barra adhesiva de pasta blanca, recortes de papel cuché

Los niños recortarán círculos o cuadrados de cartulina, de unos 8 cm de diámetro o de lado.

De catálogos antiguos, calendarios, revistas, etc., sacarán pautas que sean muy características y las recortarán al mismo tamaño que las cartulinas, sobre las cuales irán pegadas.

También se pueden pintar directamente las cartulinas con pautas inconfundibles de nuestra invención (por ejemplo, rayas rojas y azules, líneas onduladas de color verde sobre fondo rosa).

Una vez terminadas las piezas, se recortará un pedazo de cada una.

Los pedazos se echan en la caja de zapatos y ésta se agita para barajarlos bien.

Finalmente se echan los pedazos sobre la mesa y los niños tratarán de descubrir a qué pieza corresponde cada uno de los trozos recortados.

Es una sencilla prueba de concentración que una vez confeccionado el material puede practicarse incluso a solas.

Dado de colores

Los dados de colores son una alternativa divertida en comparación con los dados normales, cuando el juego no consiste en sacar determinado número de puntos sino en distinguir una diferencia o una coincidencia de color. Por ejemplo, asignando a cada niño un color para que el dado decida quién sale elegido. Es un juguete reutilizable, bonito y grande, que no se pierde aunque salgamos al aire libre a jugar.

Edad: a partir de 3 años
Tipo: montaje-juego
Lugar: mesa de bricolaje
Material: cartón para la plantilla, cartulina flexible, papeles opacos de distintos colores, o acuarelas; barra adhesiva de pasta blanca; eventualmente cúter con tabla para cortar, aguja de hacer calceta; trozos de madera pintados a un solo color o recortes de papel
Preparación: fabricar la plantilla (desarrollo del hexaedro ampliando a 5 × 5 cm de lado o más)

Transferimos el dibujo del desarrollo a la cartulina con la regla y el compás, y lo recortamos (o lo sacamos de puntos). Marcar dobleces y solapas. Doblar las caras hasta formar el cubo y luego desplegar otra vez la cartulina y alisarla sobre la mesa. Pintar cada una de las caras de un color diferente, por ejemplo rojo – azul – amarillo – verde – negro – blanco. Plegar de nuevo y pegar, metiendo las solapas por dentro.

Juego 1: Uno de los niños lanza el dado y los demás deben decir a la mayor velocidad posible un objeto de la habitación cuyo color coincida con el que ha indicado el dado.

Juego 2: Preparar fichas con los colores del lado (pueden hacerse de recortes de papel, o tablillas de madera pintadas). Se lanza el dado y el primero que eche mano a una ficha del color correspondiente puede quedársela. El ganador será quien haya reunido más fichas.

Decoramos nuestro mundo

Hace años que los psicólogos estudian el efecto ambiental de los colores sobre el estado de ánimo. En líneas generales se admite que los colores calientes como el rojo y el anaranjado estimulan o incluso excitan, mientras que los fríos como el verde y el azul sosiegan. Los edificios públicos suelen tener en cuenta estas condiciones. Las escuelas se pintan de colores alegres y variados. ¿Cómo ordenaríamos nuestro propio ambiente con arreglo a tales criterios?

Edad: a partir de 4 años
Tipo: actividad
Lugar: habitación, cuarto de juegos propio
Material: de escritorio; pintura de uso doméstico, telas de distintos colores; eventualmente algún cartel

Suelen entusiasmar a los niños las redecoraciones de su cuarto o su guardería, siempre y cuando se les permita llevar la voz cantante. En primer lugar averiguaremos cuáles son los colores favoritos de los usuarios del entorno. Establecida la lista, los niños y los adultos negociarán la asignación de colores idónea para delimitar las áreas funcionales. Por ejemplo, el área de juego y el comedor, en tonos claros y estimulantes de la gama caliente. Las áreas de trabajo, en cambio, en colores refrescantes. El rincón para dormir, de un ocre medio, sedante y tranquilizador. Las puertas de las salidas importantes, de colores llamativos que contrasten mucho y faciliten su localización; las demás, de tonos discretos y que no distraigan.

Si se prevé una pequeña renovación o reforma del local, será el momento más oportuno para decidir de común acuerdo los colores; si sólo se trata de vestirlo provisionalmente, pueden bastar unas colgaduras con telas de colores, tapices o carteles grandes a una o dos tintas. Todos los niños contribuirán a la realización práctica en la medida de sus posibilidades. Los más pequeños, por ejemplo, repartiendo los objetos de color, y los mayores ayudando a pintar.

Por cierto que a los pequeños suelen agradarles los contrastes cromáticos violentos, en contra de todo cuanto asevera la psicología de los adultos. Por ejemplo, a lo mejor piden un rincón de dormir pintado de rojo vivo y un espacio de descanso en amarillo.

Tú pintas el rojo y yo el negro

Los colores despiertan el interés, orientan y transmiten señales. ¿Es posible concebir la vida en blanco y negro? Mediante dibujos de creación propia, comprobaremos cómo cambia un mismo motivo al colorearlo de maneras diferentes.

Edad: a partir de 4 años
Tipo: montaje-experimento
Lugar: mesa de bricolaje
Material: lápices de colores, hojas de papel DIN A4, papel carbón, periódicos y revistas, fotos en blanco y negro; eventualmente xerocopiadora, cartón DIN A4, taladradora de oficina, cordel
Preparación: coleccionar ilustraciones y fotografías antiguas en blanco y negro, o que alguien las traiga

Los pequeños contemplan las ilustraciones en blanco y negro, y tratan de adivinar qué color tenía originariamente cada cosa. Algunas respuestas serán fáciles, de momento que los ciervos siempre han sido pardos, las copas de los árboles verdes en primavera y amarillos los limones. En cambio, a la hora de decir el color del cabello de las personas empezará la división de opiniones, y no digamos en lo tocante a la indumentaria.

Pintada: Con rotulador negro grueso los niños dibujan figuras sencillas, de planos claramente diferenciados. Pueden copiar dibujos de línea de paisajes, edificios, objetos de la vida cotidiana, figuras humanas. También copiar o calcar dibujos tomados de libros.

Cada niño realizará su dibujo por duplicado y luego coloreará de manera diferente, para obtener dos versiones. Por ejemplo, una vez en valores de la gama caliente y otra en valores fríos; más claro y más saturado; monocolor o en tonos contrastados. Un paisaje con predominio de rojos y ocres oscuros parece tranquilo, otoñal o vespertino; en cambio si predominan los verdes claros dará impresión de lozanía y vitalidad, aunque el dibujo del motivo sea el mismo. A los retratos se les darán diferentes colores de cabello, epidermis y ropas. Aunque los rasgos del rostro sean los mismos, veremos cómo los dos personajes toman caracteres completamente distintos. ¡Una experiencia reveladora donde las haya!

Variante

Si el grupo no es demasiado numeroso, cada participante podrá tener su propio álbum de dibujos. Para ello, cada uno copiará el suyo, antes de colorearlo, tantas veces como haga falta para repartir un ejemplar a todos los demás. Taladramos las hojas y las encuadernamos entre dos tapas de cartón con ayuda de un trozo de cordel. Más adelante compararemos las colecciones. Al haberlas coloreado cada niño a su manera, habrán resultado otros tantos álbumes totalmente diferentes. En ellos podremos observar tal vez el humor de que se hallaba quien lo pintó. ¿Estabas enfadado y por eso lo pintaste todo de rojo?, ¿o estabas pensando en la salsa de tomate? ¿Teníais calor o frío cuando imaginasteis este paisaje todo de tonos azul claro?

¿Qué efectos tienen los colores

Se sabe desde hace mucho tiempo que el ojo no los percibe todos con la misma intensidad. Algunos tienen más «peso específico» que otros. Así por ejemplo, la bandera tricolor francesa se compone de tres franjas de ancho diferente (37 % la roja, 30 % la azul, 33 % la blanca). Al verlas parecen todas del mismo ancho y así resulta una enseña ópticamente más equilibrada.

Edad: a partir de 6 años
Tipo: experimento
Lugar: mesa de bricolaje
Material: papel, acuarelas
Preparación: recubrir la mesa con papeles de diario

Los niños son los gnomos del laboratorio de los colores. Salpican grandes goterones rojos, azules, amarillos y negros sobre las hojas de papel en blanco, que luego pegaremos en la pared, o en un cuadro, para su observación. Notaremos cómo los colores calientes parece que resaltan, como si estuvieran más cerca de quien los mira, mientras que los fríos retroceden al trasfondo.

Variante

Colorear toda la superficie de dos hojas de igual tamaño, la una en rojo y la otra en azul marino. Colgarlas la una al lado de la otra. ¿Cuál de las dos parece más grande?

Una bandera para tu país

Cuando deseamos que una realización sea llamativa, la revestimos de colores que resalten a la vista, para que destaque del entorno. Los niños elegirán una tierra donde les agradaría vivir e inventarán la bandera que más les guste para ese país, y que debe resaltar óptimamente.

Edad: a partir de 4 años (hay una variante para niños mayores)
Tipo: montaje
Lugar: mesa grande de bricolaje
Material: papel blanco DIN A4, acuarelas o lápices de colores, barra adhesiva de pasta blanca, varillas de bambú o madera de 1 m de largo aproximadamente

La observación de que hay colores que resaltan ópticamente y otros que son elusivos inspira este proyecto práctico. Cada niño creará sobre una hoja DIN A4 la bandera del país que él prefiera, utilizando formas sencillas y fáciles de recordar como barras, círculos o triángulos.

En ello se prestará atención a los criterios siguientes:

- ¿Qué colores serían los más indicados para un país desértico, a fin de que la bandera resalte sobre el fondo color ocre del paisaje de dunas?
- ¿Y la bandera de un país situado en el Polo Norte?
- ¿Qué colores debería tener la de un país selvático y siempre verde?
- ¿Y un pequeño estado insular en medio de la inmensidad azul del Atlántico?

Por lo general veremos que la intuición los lleva a elegir contrastes fuertes. Cuando estén acabadas, fijarán la bandera al palo pegando un lado estrecho del papel. Organizaremos un pequeño desfile para que cada niño porte su bandera con orgullo.

Variante para niños mayores

En vez de banderas los chicos idearán objetos característicos del país, que sirvan para representarlo.

Bolas de la amistad

Maravillosas bolas de masa plástica pintadas con los colores preferidos y que reservan una sorpresa en su interior.

Edad: a partir de 3 años
Tipo: manualidad
Material: plastilinas de distintos colores, cuchilla delgada y afilada
Preparación: calentar las plastilinas sobre el radiador para que sean fáciles de trabajar

Cada uno de los niños amasará una pequeña cantidad de plastilina hasta formar una bola. Ésta se revestirá con una capa de otro color, obteniéndose una bola más grande, y así sucesivamente muchas capas más, hasta dejarla del tamaño de un puño y un peso agradable a la mano. La composición será la que cada uno prefiera. Así tendremos unas bolas hechas de muchas esferas concéntricas. Que los niños intercambien las suyas al azar o atendiendo a los dictados de la amistad. Por último llega el gran momento. ¿Qué hay dentro de las bolas? ¿Qué contiene la mía? Cuando hayan rodado un rato sobre la mesa para compactarlas bien, las abriremos para ellos cortándolas por la mitad, pero procurando que no se deshagan.

El resultado puede exponerse en una estantería o en el alféizar de la ventana.

Variante

Para unos dibujos más originales, amasar simultáneamente plastilinas de dos colores, de manera que formen estrías como de mármol, o mezclar cordones y bolas de un tercer color en la principal.

Ruleta de colores

Muchas situaciones de la vida cotidiana nos invitan a asombrarnos de las preferencias cromáticas del prójimo. Las modas, por ejemplo, dan pie a observaciones singulares. Es un pasatiempo que evita el aburrimiento de las esperas.

Edad: a partir de 4 años
Tipo: juego
Lugar: en la calle, lugares de mucha circulación

David se planta en la parada del autobús y comienza la espera. Por la esquina doblan, al ritmo del semáforo, reiteradas oleadas de coches. Empieza la adivinanza: ¿aparecerá primero un coche rojo, o uno azul? Y no sólo acierta más de lo que uno creería a primera vista, sino que cada vez lo hace mejor, porque sabe fijarse. A los diez minutos tiene averiguado que los colores rojo, gris y blanco son los preferidos de los automovilistas.

Variante

Desde la ventana, Dina y Fatma contemplan a los chicos que están saliendo del instituto situado al otro lado de la calle. Se trata de ver quién acierta los colores de la indumentaria. Dina va diciendo al azar: «rojo», «azul», «verde», «blanco», pero Fatma no tarda en observar que todo el mundo viste con arreglo a la moda actual, cuyos colores son el gris, el beis y el negro. Han apuntado los aciertos en una pizarra y Fatma queda ganadora con mucha diferencia.

Poner en escena las ventanas

Las ventanas son como los ojos de la casa. De día comunican el interior (oscuro) con el exterior (luminoso). Una fachada interesante es como un puente de comunicación entre los de dentro y los de fuera. Transmite ideas y sensaciones. Mediante paisajes de fantasía llamaremos la atención de los transeúntes y haremos que se detengan a contemplarlos con admiración.

Edad: a partir de 3 años
Tipo: bricolaje-actividad
Lugar: ventana ancha, a ser posible en planta baja
Material: papel opaco, papel normal, cartón, cúter y tabla de cortar, taladradora, clips de oficina, cinta adhesiva, lápices y rotuladores de colores, acuarelas; bolsas de plástico o celofán, papel transparente, barra adhesiva de pasta blanca, cartón negro, marcador blanco; eventualmente papel vegetal, aceite de máquinas, botellas de vidrio, tarros con cierre roscado; figurillas de plástico, muestras botánicas, objetos translúcidos
Preparación: acumular mucho material y ordenarlo en el centro de la mesa junto con las herramientas, indicando que nos vamos a organizar como taller de trabajo

Conocemos las ventanas adornadas con siluetas de papel opaco y pinturas lavables o Window Color®. He aquí algunas propuestas de variantes imaginativas. Los pequeños suelen aceptarlas de buen grado y las llenan de contenidos siempre nuevos.

Figuras en movimiento: Recortamos (con las tijeras o con el cúter) dos discos de cartón que van a superponerse practicando un agujero en el centro, por donde pasaremos un clip que las mantenga unidas. Se pegan en la ventana de manera que puedan verse los detalles por dentro. El disco anterior debe ser algo más ancho por abajo (véase la plantilla). El motivo que irá desfilando puede estar formado por monigotes que representen montañeros, o esquiadores, o bien un cielo con astros que dan vueltas.

Escenas activas: Montar partes móviles en las siluetas de casas o paisajes. Se montarán los monigotes sobre una tira de cartón con los extremos algo ensanchados. Esta tira pasará por sendas ranuras de la imagen principal, de manera que los extremos queden por delante, a fin de poder manipularlos, y las figuras por detrás del motivo principal. Al desplazar la tira correrán e irán apareciendo por las aberturas o ventanas.

Radiografías: Las imágenes recortadas consienten toda clase de variaciones inéditas. Preparamos una funda de plástico transparente o celofán. Recortamos en papel transparente un objeto cualquiera, que en la realidad se supone hueco, y lo rellenamos con recortes de forma adecuada. Los fijamos con pasta blanca y luego lo introducimos todo en la funda, que pegaremos en la ventana con cinta adhesiva transparente. Por ejemplo, si se ha recortado la silueta de un tiburón podremos llenar el estómago del escualo con siluetas de latas de conservas, raspas de pescado, gafas de submarinista, etc. En cambio una urna antigua podría contener el tesoro de las Mil y Una Noches, etc.

Friso de ventana: Los trabajos en papel transparente se prestan a la realización de grandes frisos que ocupen toda la ventana. Recortamos un papel opaco negro al tamaño del cuadro de ventana que vamos a decorar. Al dorso dibujamos varias siluetas con un marcador blanco. Es preferible limitarse a figuras sencillas. Las recortamos sobre una tabla de madera con el cúter, y cubrimos las aberturas de papel transparente por detrás (a los niños pequeños les resultará más fácil con papel vegetal). Colgamos provisionalmente el conjunto en la ventana, con la finalidad de pintar en los transparentes empleando acuarelas o rotuladores de colores. Dar la vuelta al paisaje para contemplar el aspecto definitivo, realizar las correcciones que se estimen necesarias y, por último, instalarlo. Si se ha usado papel vegetal, unas gotas de aceite aplicadas al reverso lo harán más transparente. El motivo puede ser una escena de discoteca, un paisaje de invierno con los transeúntes embutidos en abrigos y bufandas, y otros muchos.

Paisajes de ventana: La creación adquiere volumen tridimensional entre plantas de interior, ramas y otros elementos botánicos, colocando botellas de vidrio verde, tarros conteniendo pequeños paisajes (figurillas, ramitas, etc.), lámparas de té, figuras de animales. Estas realizaciones sorprenderán a los transeúntes, sobre todo si se combinan con el juego de luces (véase la página 21).

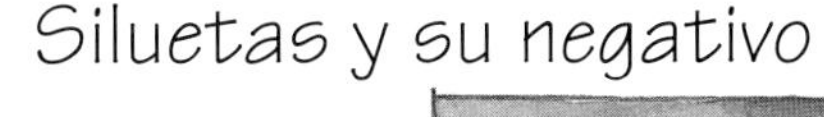

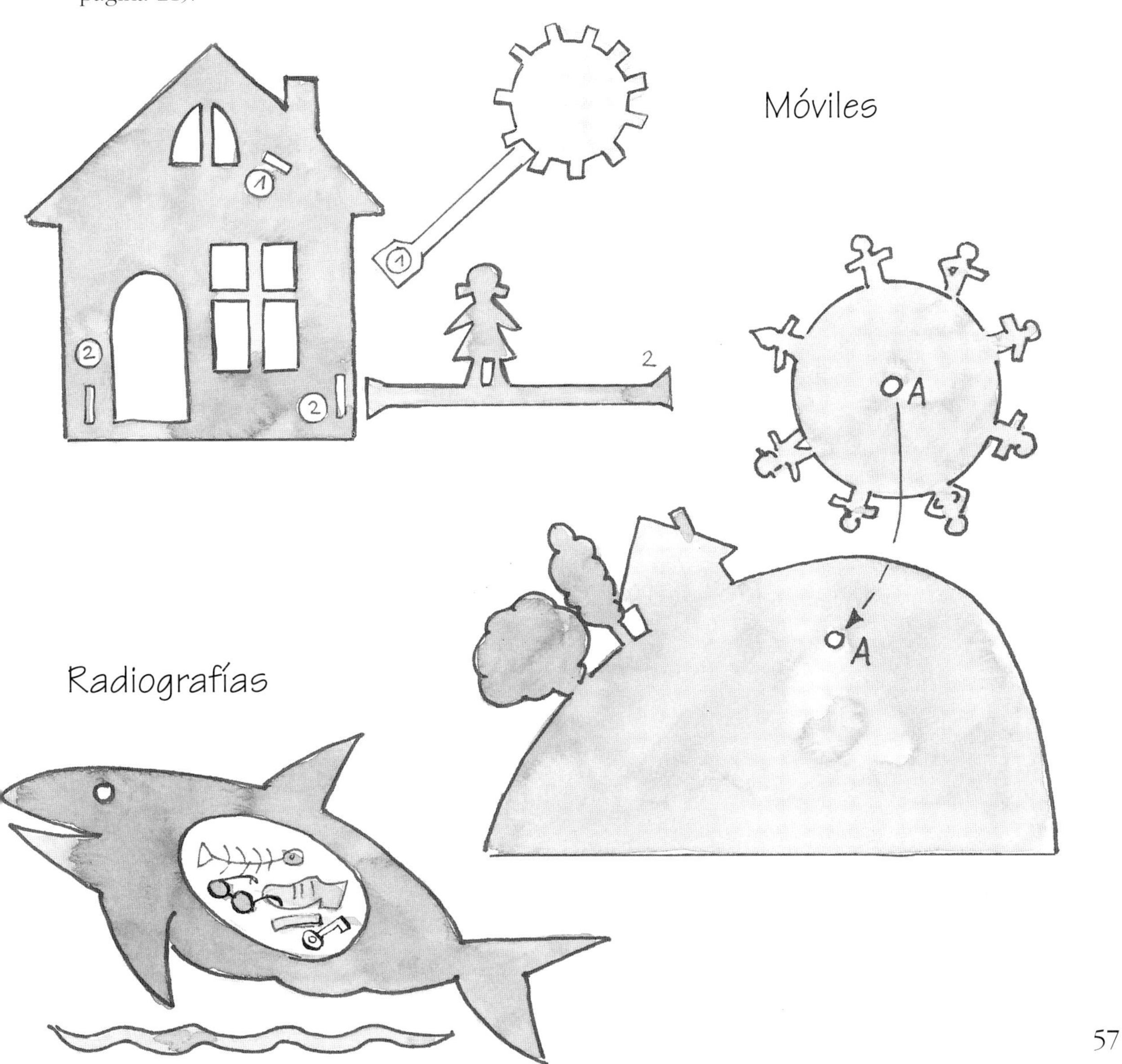

Donde está la luz, también hay sombras

La sombra es la región oscura que aparece detrás de un cuerpo iluminado, o como dice más científicamente el diccionario, es la «imagen oscura que sobre una superficie cualquiera proyecta un cuerpo opaco, al interceptar los rayos directos de la luz». Genéricamente es sinónimo de oscuridad o falta de luz. En inglés se distingue entre *shade* que es el matiz diferencial por ausencia de la claridad, y *shadow*, la sombra propia de un objeto (que perfila la silueta del mismo).

La sombra viene a ser un hermano pequeño de la noche, y casi todos los humanos intuyen el paralelismo. Trasladamos a la sombra el temor indeterminado que las cosas desconocidas infunden en nosotros, y también la fascinación mágica que no nos deja descansar hasta que hemos explorado lo que esconden. Donde hay luz, todas las personas y las cosas se hallan invariablemente acompañadas de sus sombras. Éstas forman parte del mundo y de nosotros. Cuando las condiciones de iluminación varían, ellas cambian de forma. Se hacen más largas, o más cortas, se deforman y distorsionan. Se diría que tienen vida propia. Eso las hace tan misteriosas. Incitan a planteamientos lúdicos y artísticos. Casi nadie escapa a su embrujo.

Están afectadas por una connotación más bien negativa, sin embargo, como lo demuestran muchos giros corrientes del idioma. La persona de poca personalidad «vive a la sombra» de alguien que la domina; «las sombras del pasado» alcanzan hasta el presente y lo comprometen. Donde está la luz, también hay sombras, y los aficionados a las películas de crimen y misterio saben que muchas veces la primera aparición del «malo» viene precedida y anunciada por su sombra, con frecuencia grotescamente deformada.

El fenómeno llamó la atención de los románticos, tan aficionados a toda clase de hechos estremecedores o sobrenaturales. En sus ficciones aparecen personajes misteriosos que han perdido su sombra, o que se la han vendido al diablo a cambio de riquezas y fortuna. El primero de estos hombres sin sombra es Peter Schlemihl, el protagonista de la homónima novela de Adelbert von Chamisso (1814) que hizo célebre a este autor y le valió muchos imitadores. Christoph Martin Wieland (1733-1813) había contado ya el pleito del arriero avaricioso que alquilaba sus animales pero pretendía cobrar un suplemento por las sombras. En el que se basó a su vez la pieza teatral de F. Dürrenmatt *Proceso por la sombra de un burro* (1951).

También las artes plásticas incluyeron el tema de la sombra en su repertorio. Hacia el siglo XVII llegaron a Europa los teatros de sombras oriundos de China, la India, Java y Persia. Otra curiosidad que se puso de moda fueron los retratos de perfil recortados en papel negro, llamados «siluetas» en recuerdo de Étienne de Silhouette, ministro francés de Hacienda (1709-1769) que quiso sanear la economía del país reduciendo el gasto suntuario. Pretendía que los aristócratas, en vez de encargar cuadros a los pintores, se hiciesen retratar por un artista callejero que sacaba el parecido con sus tijeras en pocos minutos. Lo que ocurrió fue lo contrario, que incluso las clases modestas dieron en hacerse retratar por medio de la silueta (en una época en que aún no estaba inventada la fotografía).

Otros artesanos hábiles y artistas populares creaban secuencias enteras de imágenes y escenificaciones. Otro pasatiempo de moda fue el recortado de figuras geométricas de papel que servían para ornamentación, o se transferían luego a otros materiales más duraderos en forma de labores de marquetería o metal.

Investigador de sombras

¿De dónde proviene la sombra? Hemos comprobado que la luz se propaga en línea recta siempre, como trazada a regla. Cuando se interpone un objeto en su camino, el contorno de dicho objeto se dibuja en oscuro sobre la pared.

Edad: a partir de 4 años
Tipo: experimento
Lugar: habitación con pared blanca, y exterior soleado
Material: fuente de luz intensa (foco, o proyector de diapositivas), vela; eventualmente, pantalla, objetos pequeños, hojas de material reflectante, espejos
Preparación: habitación a oscuras, reproducir la disposición de «El rayo de luz», página 20

Los niños sentados en filas delante del proyector. El foco, o la lámpara del proyector, nos servirán para dibujar sombras muy nítidas en la pared blanca o pantalla. Uno a uno, cada niño levantará la mano para situar en el haz luminoso un objeto pequeño. Cuanto más próximo se halle éste a la pared o pantalla, más nítidos los contornos de la sombra; en cambio, conforme nos acercamos al foco de luz las siluetas se vuelven más difusas.

⚠ Hay que advertir a los niños que no deben mirar de frente el foco de luz.

Variante

Los niños ensayan sombras creadas con sus propias manos.

A la luz de una vela: Se repite el experimento a la llama de una vela algo agitada por la corriente de aire. Este movimiento hará que las sombras se pongan a bailar y aparezcan más o menos nítidas a ratos, como si tuvieran vida propia.

A la luz del sol: Los pequeños observarán sus propias imágenes proyectadas en tierra en forma de sombras, y cómo están inseparablemente unidas a ellos, hagan lo que hagan.

Tú, sombra ¿quién eres?

A veces los niños mayores preguntan qué significa la sombra: ¿Es o no es parte de mí? ¿Es algo vivo y si no, por qué se mueve? ¿Qué diferencia hay entre la sombra y la imagen del espejo? Cuando se apaga la luz, ¿está escondida nada más, o desaparece?

Edad: a partir de 5 años
Tipo: juego
Lugar: habitación fuertemente iluminada, y exterior soleado

Los niños consideran su propia sombra y se mueven para observar cómo cambia, se estira, se achata, se distorsiona.

A ver si cobra vida con nuestros gestos: «Sombra, ¿te vienes conmigo?» Y menea la cabeza. «¿Si te doy un puntapié?» La sombra hace lo mismo. «¿Y si te hago una caricia?» También esta vez la sombra repite el ademán.

Hagan lo que hagan ellos, la sombra hará lo mismo. Así se pone de manifiesto que la sombra le sigue a uno siempre, como dice la sabiduría popular. Si los dejamos en libertad, todo el grupo se pondrá automáticamente a jugar con sus sombras y crearán muchas clases de interacciones.

Formas variadas

El mismo objeto puede arrojar sombras diferentes, dependiendo de la colocación y la incidencia de la luz. ¿Alguien quiere seguir las huellas de otro?

Edad: a partir de 5 años
Tipo: experimento-juego
Participantes: 4 niños o más
Lugar: mesa grande
Material: lámpara de pie o de sobremesa que sea muy estable; objetos de formas geométricas sencillas (pelotas, dados, conos, discos, cilindros), hojas de papel DIN A4, lápices

Los pequeños se sientan alrededor de la mesa iluminada por la lámpara. Acercan a ésta dis-

tintos objetos y consideran las sombras que se proyectan sobre la mesa. Algunas formas apenas varían.

- La bola, por ejemplo, proyecta siempre una sombra circular, o bien ovalada.
- Cuando los cuerpos son de formas complicadas, al girar van dando sombras siempre distintas.
- La sombra de una figura de cartón se reduce a una simple línea cuando el canto mira hacia la lámpara; en cambio, puesto transversalmente reproduce la silueta que se haya recortado en el cartón.

Variante

Haciendo que la sombra caiga sobre una hoja de papel, pueden dibujarse las siluetas contorneándolas con el lápiz.

Juego: Resulta directamente de lo observado anteriormente. La mitad del grupo pasa a una habitación contigua, o a la esquina más alejada. Los demás dibujarán las siluetas de los objetos tal como se ha descrito y luego esconderán los modelos. Cuando regresen los demás deben tratar de adivinar a qué objetos corresponden. A cada acierto se sacará un objeto y el ponente deberá demostrar la coincidencia intentando que el modelo coincida con la sombra dibujada en el papel. ¡Increíble la cantidad de siluetas diferentes que pueden sacarse de una misma forma!

Salimos de safari

Los efectos más llamativos con las sombras se consiguen a veces por azar. Pero nosotros somos más listos, y antes de que desaparezcan los retendremos por medio de la fotografía. Una actividad interesante para los días soleados de verano o de invierno, estos últimos tal vez en combinación con un espectacular paisaje nevado como tema de fondo.

Edad: a partir de 7 años (hay una variante para niños a partir de 4 años)
Tipo: actividad
Lugar: día soleado, al exterior o en habitación con mucha luz
Material: máquina fotográfica con película de sensibilidad normal para diapositivas o copia sobre papel (mejor de blanco y negro), tiza

Con las máquinas cargadas de película, el grupo sale a explorar las inmediaciones. Al principio descubrirán motivos ocasionales: los objetos de tres dimensiones se proyectan bidimensionalmente en paredes, fachadas y suelos. Los distintos fondos (enlucidos de las paredes, manto de nieve, estanque agitado por el aire) juegan además con los motivos dando lugar a siluetas más o menos nítidas o difusas. Del cristal (farolas, ventanas) y del agua (un vaso lleno) difícilmente se captan las sombras.

Fotografiaremos los hallazgos más interesantes para conservarlos. Con el tiempo quizá llegaremos a tener una original colección de motivos:

- una bicicleta apoyada contra una pared blanca, proyectando una sombra extraordinariamente nítida y negra;
- rejas artísticas y cruces de un camposanto;
- las sombras alargadas de los árboles en una senda del bosque, en invierno;
- cruces de vías y catenarias en la entrada de la estación central;
- paseantes veraniegos al atardecer, y sus sombras en la pared de una casa.

La cámara no ve lo mismo que el ojo; el cambio de dimensiones transforma las escenas más banales, y pueden darse resultados irreales y curiosos. También las ventanas proporcionan insospechados motivos causales cuando los rayos del sol proyectan en la pared opuesta toda nuestra selva de plantas de interior, frascos y tarros de diferentes colores.

Exposición: Una idea inmediata la de documentar fotográficamente la propia sombra, por ejemplo, o tomar fotos de grupo con el mismo planteamiento. Una vez reveladas y ampliadas las fotografías podremos montar una pequeña galería y aprovechar una fiesta, por ejemplo, para anunciar una exposición sobre el tema «luz y sombra». Que los padres y los hermanos traten de adivinar cuál de las sombras es la de su pequeño.

Variante para niños a partir de 4 años

A los pequeños les gusta perfilar la sombra de otro en el suelo del patio o de la acera contorneándola con tiza. Quedarán eternizadas para asombro de los transeúntes (hasta la próxima lluvia).

Retratos en silueta a tamaño natural

Los grupos artísticos constituyen una ornamentación fantástica para edificios, pasillos largos o pasos subterráneos. Se obtienen con rapidez cuando los niños eligen sus propias sombras como tema a representar.

Edad: a partir de 3 años
Tipo: actividad-montaje
Lugar: mesa de bricolaje, pared exterior o interior
Material: lámpara de pie o proyector halógeno, hojas grandes de papel (reverso de carteles antiguos, papel de embalar), cinta adhesiva, colores a la aguada o tinta china, pinceles gruesos); eventualmente accesorios (plumas, trompetas, mangueras, paraguas, abanicos, juguetes varios y todo lo que quieran lucir los protagonistas); eventualmente camisetas viejas, tintes para tela y plancha
Preparación: fijar papel grande con cinta adhesiva de crepé en tablero grande, puerta o pared, de manera que reciba la luz directa del sol; de no ser posible, lo iluminaremos con el proyector

Los chicos dibujarán siluetas a tamaño natural, ayudándose mutuamente a manipular esos papeles de gran formato. Para ello haremos que formen parejas. Uno de ellos se colocará delante del papel en una postura típica o característica. El otro dibujará la silueta contorneando la forma. Si tenemos un grupo muy sosegado, intentaremos que los dibujantes busquen el parecido de los perfiles (cabezas). Los grupos inquietos se retratarán todos juntos, o pondrán en escena visiones futuristas en silueta estilizada. Para perfeccionar esta ilusión servirán los accesorios que se indican (plumas, trompetas, mangueras y demás requisitos).

Exposición: Rellenar las siluetas con pintura para cartel o tinta china, recortar las sombras y pegarlas en una pared, todas en formación, para asombro de espectadores visitantes.

Variante 1

Si es posible, trazar los perfiles a lápiz directamente sobre la pared y rellenarlos cuidadosamente con pintura para cartel o mural.

Variante 2

Las camisetas viejas de un solo color también pueden «modernizarse» con siluetas. En este caso realizaremos un retrato de cabeza y lo recortaremos en papel. Alisar la tela sobre un fondo de papel de periódico y fijarla colocando pesos en la periferia, para que no se emborrone el dibujo. Entre la pechera y la espalda de la camiseta se intercalarán unos cartones, para que la tinta no manche la espalda. Calcar el dibujo de la silueta de papel en la pechera de la camiseta, y rellenarla de algún color oscuro, dejar que se seque y planchar según las instrucciones del fabricante. Así podremos pasearnos exhibiendo nuestro propio retrato por todas partes.

Pintado por mano de fantasma

¿Cómo aparecen auténticas obras de arte en la pared, que además van cambiando de forma en el transcurso del día?

Edad: a partir de 5 años
Tipo: manualidad
Lugar: mesa de bricolaje, exterior soleado, con pared vertical o puerta
Material: hojas de cartulina DIN A3 o A4, tijeras o cúter con tabla para cortar; grapadora, adhesivo, clavos pequeños; eventualmente papel transparente, cinta adhesiva, herramientas, retales de cartón

Doblar en uno de los lados cortos de la cartulina para dotarla de una pestaña de 2 a 3 cm de ancho. Dibujar figuras sencillas (no demasiado grandes ni demasiado intrincadas, para evitar que se deformen) y recortarlas con el cúter. Los niños más pequeños pueden recortar las figuras con unas tijeras de punta redonda. Si cometen algún error no hay problema, ya que repararemos los fallos con cinta adhesiva. Doblar la solapa en ángulo recto y fijarla mediante unas escuadras de cartón (pequeños triángulos rectángulos adaptados al ángulo entre la cartulina y la solapa, y fijados pegándolos o grapándolos). La obra terminada se fijará en una pared o puerta soleada por medio de puntos de adhesivo o grapas.

Truco: Para mejor efecto, conviene fijar la superficie horizontal de la cartulina a la altura de la visual, de modo que los observadores no vean las figuras en un primer momento. (Entre nosotros utilizamos a menudo la puerta de una vieja cabaña orientada al sol, y la abrimos o cerramos según la hora del día.)

Variante 1

Pegar papel transparente sobre las figuras recortadas, para obtener así ventanas de distintos colores.

Variante 2

Cuando se cuenta con luz cenital (invernaderos, terrazas, vestíbulos con claraboyas) es fácil proyectar siluetas en el suelo. Montamos sobre el techo una naturaleza muerta con objetos de formas muy características, herramientas, figuras recortadas en cartón, eventualmente poniéndoles piedras para evitar que se las lleve el aire. Cuidado con esta disposición, no vaya a caer ningún objeto del tejado, y también atención al subir.

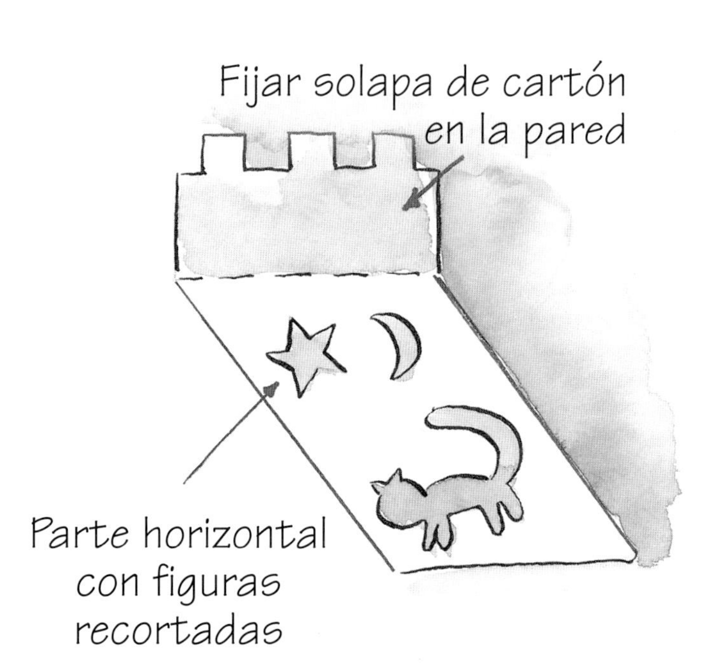

Fantástica proyección de diapositivas

Para salvar una tarde lluviosa y oscura con una actividad de colorido restallante. Con manchitas diminutas apenas visibles a ojo desnudo se obtienen gigantescos y luminosos paisajes de fantasía. Los estados de ánimo se traducen en imágenes. Al contemplarlas se les ocurrirán a los niños los cuentos más imaginativos.

Edad: a partir de 4 años
Tipo: manualidad
Lugar: habitación a oscuras
Material: marcos de diapositivas con cristal en blanco, papel negro opaco, retales de papeles transparentes de colores y trozos de película de plástico, adhesivo, colores para pintar vidrio, materiales botánicos (hojas, pétalos de flores), otros materiales translúcidos de pequeño tamaño, proyector de diapositivas y pantalla

Cada uno de los niños creará su imagen de fantasía en una diapositiva. Se combinan trozos diminutos de papeles transparentes de muchos colores con figuras en miniatura recortadas en papel negro. Ciertamente la manipulación de unos recortes tan pequeños resultará engorrosa para las manos infantiles, pero tampoco se les exige mucha precisión. Salpicar las gotas de pintura con parsimonia y pegar las piezas. Deben ser de colores fuertes y se procurará no recargar demasiado el vidrio de la diapositiva. En algunos lugares pueden superponerse dos y hasta tres recortes transparentes de colores distintos, para conseguir efectos de mezcla. Añadir materiales de la naturaleza como esqueletos de hojas secas o pétalos translúcidos.

Estas imágenes son muy adecuadas para ambientar las tardes de tertulia y las fiestas infantiles, cambiando las diapositivas cada dos o tres minutos.

Variante

Se puede indicar un espectro de colores determinado para obtener series de diapositivas de tema obligado:

- Un viaje submarino, con predominio de azules y demás tonos fríos.
- Rojos y anaranjados para la exploración del planeta Marte.
- Azul claro con figuras de seres voladores.

Gigantes en la pared de la habitación

Si se puede disponer de un proyector de opacos (episcopio, epidiascopio), las sombras cobrarán vida. Objetos diminutos de la naturaleza revisten dimensiones gigantescas en la proyección. Esta actividad de gran belleza y espectacularidad invita a la observación atenta.

Edad: a partir de 3 años
Tipo: actividad
Lugar: habitación a oscuras
Material: proyector de opacos, objetos pequeños (muestras botánicas, insectos vivos)
Preparación: instalar el proyector en lugar estable donde nadie tropiece con él

En esta ocasión apuntamos al efecto sorpresa. Sin previo aviso, colocamos durante unos instantes sobre la platina del proyector un escarabajo, una araña o cualquier otro tipo de insecto. Ampliado a gran tamaño, aparecerá en la pared como un verdadero monstruo. ¿Qué es esto? ¿Es posible que se trate de una criatura viva y real? Se distinguen todos los detalles de las patas y las mandíbulas. También los esqueletos de hojas secas y otros elementos botánicos semitransparentes adquieren una presencia insólita al ampliarlos como si los estuviéramos viendo al microscopio. Una vez observados los insectos, los devolvemos en seguida a su medio ambiente.

De un tijeretazo

Con un poco de ayuda, los pequeños artistas también conseguirán realizar expresivos retratos y autorretratos, en lo que se valora más el ingenio que la exactitud de los detalles.

Edad: a partir de 4 años
Tipo: manualidad
Lugar: mesa con buena iluminación
Material: 2 espejos como mínimo, lámpara o foco halógeno, papel blanco DIN A3, cartulina blanca DIN A3, negro de acuarela o tinta china, cinta adhesiva de crepé; eventualmente papel opaco negro y de diferentes colores; marcador blanco o tiza; eventualmente hojas de papel opaco DIN A4 en distintos colores, fundas de plástico transparente

Para empezar, los niños se interrogan acerca de sus rasgos más característicos, que son los que deberá subrayar el retrato: un corte de pelo peculiar, un apéndice nasal de forma interesante, o una barbilla puntiaguda, por ejemplo. Que contemplen su propio perfil con ayuda de dos espejos, o que se dibujen de acuerdo con la idea que tienen de sí mismos.

Un retrato exacto, en la tradición de las tradicionales siluetas, se obtiene fijando un papel sobre la pared con cinta adhesiva de crepé y proyectando la sombra del perfil con una lámpara potente. Mientras el retratado posa, un compañero traza con el lápiz el contorno de la sombra. Luego se recorta, se pinta de negro y se pega sobre una cartulina blanca. O bien se transfiere el perfil con un marcador blanco directamente sobre papel negro opaco, para recortar éste después.

Variante 1

Dibujar en papel de color la silueta de una cabeza o de cuerpo entero como línea cerrada, que se recortará de una sola vez. Así se obtiene al mismo tiempo una imagen positiva y otra negativa. Colocamos ambas en fundas de plástico transparentes y las colgamos, la una al lado de la otra, en el cristal de la ventana.

Variante 2

El método de la variante 1 es tan rápido que no tardaremos en reunir una colección de retratos de nuestros amigos y mascotas, o de personajes de nuestros libros infantiles. Los espectadores y espectadoras que vean la ventana quedarán intrigados: ¿es mamá, o el hada Morgana? ¿Es el cobaya de Sergio, o el lobo que acosaba a los tres cerditos?

Rótulos y otros motivos sombreados

Para realzar hasta los motivos más sencillos, como letreros y siluetas de paisajes.

Edad: a partir de 4 años
Tipo: manualidad
Lugar: mesa grande
Material: sello de goma, o hecho de una patata cortada, acuarelas y blanco opaco, papel grueso de dibujo
Preparación: recubrir la superficie de la mesa con periódicos

Los pequeños eligen uno o varios de entre los sellos existentes. Cada motivo se imprime primero en tenue, utilizando acuarela color gris, con lo que se obtiene la sombra. A continuación se empapa el mismo sello de un color más claro, pero de pigmento denso que cubra, y se estampará sobre el motivo anterior pero un poco desplazado en sentido diagonal, de manera que tape sólo parcialmente la sombra gris.

Variante

Para un paisaje con sombras se tomarán, por ejemplo, vistas veraniegas. Cada motivo (árbol, tienda de campaña, sombrilla) se estampa a varias tintas y los niños aprenderán que las sombras deben colocarse todas en la misma disposición, es decir opuestas al sol, para lograr la naturalidad del efecto.

Atrapa la sombra

Los juegos infantiles tradicionales pueden variarse para adaptarlos al tema luz-sombra y de este modo se complementan adecuadamente los experimentos y se lleva animación al grupo.

Edad: a partir de 3 años
Tipo: juego
Participantes: 8 niños o más
Lugar: exterior soleado

Se echa a suertes quién va a ser el que debe atrapar a los demás; en este caso atrapar significará pisar las sombras de ellos con el pie. El primero que resulte así «cazado» ocupará entonces el lugar de su oponente y tendrá que atrapar a los demás. El interés del juego estriba en que todos actúan simultáneamente y deben estar dispuestos a cambiar de rol en todo momento.

Variante

El cazador no queda dispensado de su rol como en la versión anterior, pero cada uno de los atrapados se convierte en cazador y el número de éstos aumenta. La actividad se intensifica hasta que no queda ninguno por atrapar.

¿Quién le acierta a la sombra

En este agitado juego los chicos no sólo han de cuidar de sí mismos, sino que al mismo tiempo deben vigilar los saltos incontrolables de su sombra. Así ejercitamos la capacidad de reacción y de pensamiento abstracto.

Edad: a partir de 4 años
Tipo: juego
Participantes: 8 niños o más
Lugar: cualquier exterior soleado
Material: pelota de trapo o de goma blanda; eventualmente aro de mimbre o muñeco de felpa

Antes de la partida hay que delimitar el terreno de juego: el patio, o un prado en el campo, etc. El que tiene el turno arroja la pelota de trapo o de goma tratando de acertar en la sombra de los que corren. Cuando uno de éstos queda «tocado» pasa a asumir el rol de lanzador.

Variante

Para que resulte un poco más difícil, en vez de una pelota se lanza un aro de mimbre o un muñeco de felpa, que cuestan más de dirigir.

Saltar sobre la sombra

Tradicional juego para matar el tiempo que nunca deja de fascinar a los pequeños, y permite distraerlos un rato sin necesidad de vigilarlos asiduamente. Deben pisar únicamente las partes sombreadas del suelo.

Edad: a partir de 3 años
Tipo: juego
Lugar: patio soleado o habitación de juegos con muchos objetos que den sombra

En la habitación bien iluminada, o en el exterior si el día es soleado, los niños se moverán de manera que los pies no pisen nunca un lugar soleado o iluminado. Vamos a suponer que son gnomos u otros seres sobrenaturales de la selva, que temen la luz, y saltarán hábilmente de una sombra a otra. ¡Si cometen un error, la luz los reducirá a cenizas!

Teatro de sombras

Todos conocemos el pasatiempo de las «sombras chinescas», que fue una distracción de generaciones enteras, las noches a la luz de las lámparas y antes de que se inventase la televisión. Consistía en hacer posturas especiales con las manos puestas en el cono de luz, cuya sombra proyectada en la pared evocaba siluetas de animales y perfiles de personajes grotescos, todo ello dotado además de movimiento. Casi espontáneamente daba lugar a pequeñas escenificaciones: mi cocodrilo se comió tu gato, para ser luego devorado por otro cocodrilo más grande; mi perro persigue al tuyo y luego se saludan a la manera de los perros, etc.

Todo muy antiguo, pero más debe serlo el teatro de sombras, en su origen, porque la naturaleza misma siempre mantiene las sombras en movimiento y crea escenografías muchas veces fantasmagóricas y espeluznantes. Observemos el panorama durante una ventolera de verano. Las nubes corren por el cielo y dibujan en el suelo claroscuros que le confieren al paisaje un aire misterioso,

y a veces, intangible,
la sombra de un efebo
roza con pies alados
las cimas de tus montes,

como versificó Cavafis refiriéndose a las tierras de Jonia.

A no tardar los ademanes hallaron el complemento de figuras recortadas expresamente, y puestas en escena con ayuda de una iluminación artificial. Los teatros de sombras más conocidos son los oriundos de Asia (China, Bali, Java por ejemplo), cuyas figuras planas talladas en cuero y pintadas algunas veces aparecen por nuestras latitudes convertidas en *souvenirs*. En aquellos países las representaciones no son mero pasatiempo sino también celebración ritual. En la India se ofrecen larguísimos episodios de las epopeyas nacionales *Ramayana* y *Mahabharata*. Y también las funciones indonesias sacan sus argumentos de la mitología hindú.

El conocido teatro de sombras turco Karagöz data de la baja Edad Media y tiene numerosas leyendas fundacionales. Una de ellas es la que dice que el sultán Orhan mandó matar a un trabajador dotado de gran talento histriónico, que distraía a los demás con las ingeniosas farsas que urdía y retrasaba la terminación de las obras. Después del hecho el sultán se arrepintió, e hizo llamar a un famoso derviche. Pero los poderes de éste no alcanzaron para resucitar plenamente al bromista, sino sólo en forma de sombra, de muñeco, que en adelante distraería a los públicos proyectándose desde el otro lado de una tela translúcida. Los griegos también tienen una variante de este tipo de teatro, que todavía es muy popular, y suelen representarse agudas sátiras político-sociales.

Las primeras noticias acerca de los teatros chinos de sombras llegaron a Europa hacia el Renacimiento, al retorno de Marco Polo. Durante los siglos XVII y XVIII las sombras chinas, llamadas «italianas» por algunos, viajaron por toda Europa y alcanzaron un nivel estético notable en París.

Otra variante es el teatro de sombras en donde los personajes al otro lado de la pantalla están representados por actores vivos. En el período del romanticismo (que resucitó muchas tradiciones medievales olvidadas) estos espectáculos tuvieron mucho auge, y en el londinense Crystal Palace siguieron representándose por Navidad hasta la época victoriana. A comienzos del siglo XX se utilizó este procedimiento para poner en escena farsas satíricas muy apreciadas por el público. Las organizaciones juveniles montaban funciones al aire libre con lienzos de gran formato orientados a contraluz.

El teatro de sombras es muy apreciado por los niños del jardín de infancia y los escolares; la reducción de las figuras al perfil esencial en blanco y negro favorece la concentración, y además su carácter misterioso determina que hasta las escenas más ingenuas cobren un encanto especial. En la pantalla las siluetas nítidas se combinan con sombras más o menos difusas y con los más variados efectos de luz. Es un grato contrapunto al bombardeo de imágenes en multicolor en que hoy día estamos todos sumergidos, y una experiencia memorable para todos.

La preparación se realiza en común, pero luego haremos que los pequeños alternen como actores y espectadores. En todas las variantes se prestará la mayor atención a instalar los focos sólidamente y de manera que no estorben los movimientos. Vigilar que no deben quedar demasiado cerca de los actores infantiles, ya que las lámparas de incandescencia suelen calentarse demasiado. Además los niños deben mirar siempre hacia la pantalla, sin dirigir nunca la vista directamente hacia el foco de luz. Si se dispone de la posibilidad de grabar toda la función en vídeo, se tendrá un estímulo añadido para una representación lograda, que «quede bien», y naturalmente podremos organizar visionados para otros públicos que no pudieron estar presentes en el estreno.

El teatro de sombras es idóneo para la representación de seres de fantasía, hadas, espíritus, vientos, extraterrestres y criaturas submarinas, que en un escenario normal de teatro suelen quedar bastante inverosímiles y en ocasiones, algo ridículos. En el teatro de sombras las casas pueden volar por los aires y el sombrero tirolés de Julián ponerse a bailar como si tuviese vida propia cuando lo ordene la bruja. Pueden realizarse todas las ilusiones empleando medios y recursos extraordinariamente sencillos.

Las reacciones de los espectadores son emotivas y directas, y pueden traducirse a su vez en imágenes, de ahí que se haya utilizado el teatro de sombras con finalidades terapéuticas en psicología.

Teatrillo de sombras: El *escenario*

Teatrillo en formato miniatura con figuras de fabricación propia en cartón. No requiere mucho gasto y cabe en cualquier cuarto de juegos.

Edad: a partir de 4 años
Tipo: montaje-actividad
Lugar: mesa grande de bricolaje; habitación a oscuras
Material: marco hecho con listones de madera o de cartón fuerte, o aserrando una ventana en un tablero de 40 × 60 cm; papel translúcido blanco transparente tipo pergamino, o retal de blanco de seda (35 × 55 cm); chinchetas; 2 largueros de unos 80 cm de largo; 4 bisagras sencillas, cola de impacto, martillo y clavos, tirafondos y destornillador, tiras adhesivas, lámpara de mesita de noche o foco halógeno; eventualmente tornillo de banco, cúter con tabla para cortar; lápices de colores o ceras; papel de colores; figuras recortadas
Preparación: tratándose de niños de corta edad, fabricaremos el teatrillo para ellos evitando que toquen materiales peligrosos y permitiendo que intervengan únicamente en la fase decorativa o de acabado artístico

Los teatrillos más simples constan de un frontis con la ventana y dos tabiques laterales que sirven de soportes, provistos además de bisagras si interesa que sean plegables para ahorrar espacio. El que aquí se propone es un escenario convertible y concebido para figuras de unos 15 cm de alto.

Construcción: Confeccionar el bastidor de acuerdo con el croquis y utilizando los materiales que se han indicado.

El papel translúcido o seda se fija sobre el marco mediante chinchetas.

En la parte superior de los laterales clavaremos unos clavos que se dejarán algo salientes para alojar entre ellos los largueros, que servirán para colgar los decorados así como las figuras que de momento no se utilizan.

El frontis del teatro se adornará con recortes de papel o plegados (abanicos, rosetas, lazos, corazones, etc.), o bien pintándolo.

En caso necesario se instalarán escuadras plegables en los laterales para darles más estabilidad.

Por último, hay que prever un lugar donde guardaremos los accesorios, decorados, figuras, etc.

Iluminación: Posicionada la lámpara detrás del escenario, debe iluminar la pantalla sin estorbar la manipulación de las figuras. Para teatrillos pequeños en habitación a oscuras puede ser suficiente una lámpara de sobremesa con bombilla de 60 vatios.

Manipulación: Irá a cargo de dos niños, sentados a la mesa diagonalmente con respecto a las figuras, postura menos fatigosa que colocarse agachados detrás del teatrillo y con los brazos alzados, pero que requiere un poco de práctica. Las figuras y los decorados se posicionan cerca de la pantalla, pues aparecerán tanto más nítidos cuanto más próximos a ella. Es preciso ensayar con diligencia el manejo de las figuras y turnarse como espectadores para comprobar el efecto que producen.

Variante de figuras

También podemos fabricarlas provistas de una vara perpendicular a manera de mango que permite manipularlas por detrás.

⚠ Es importante que la construcción del teatrillo sea estable, para que no vuelque hacia delante durante la función.

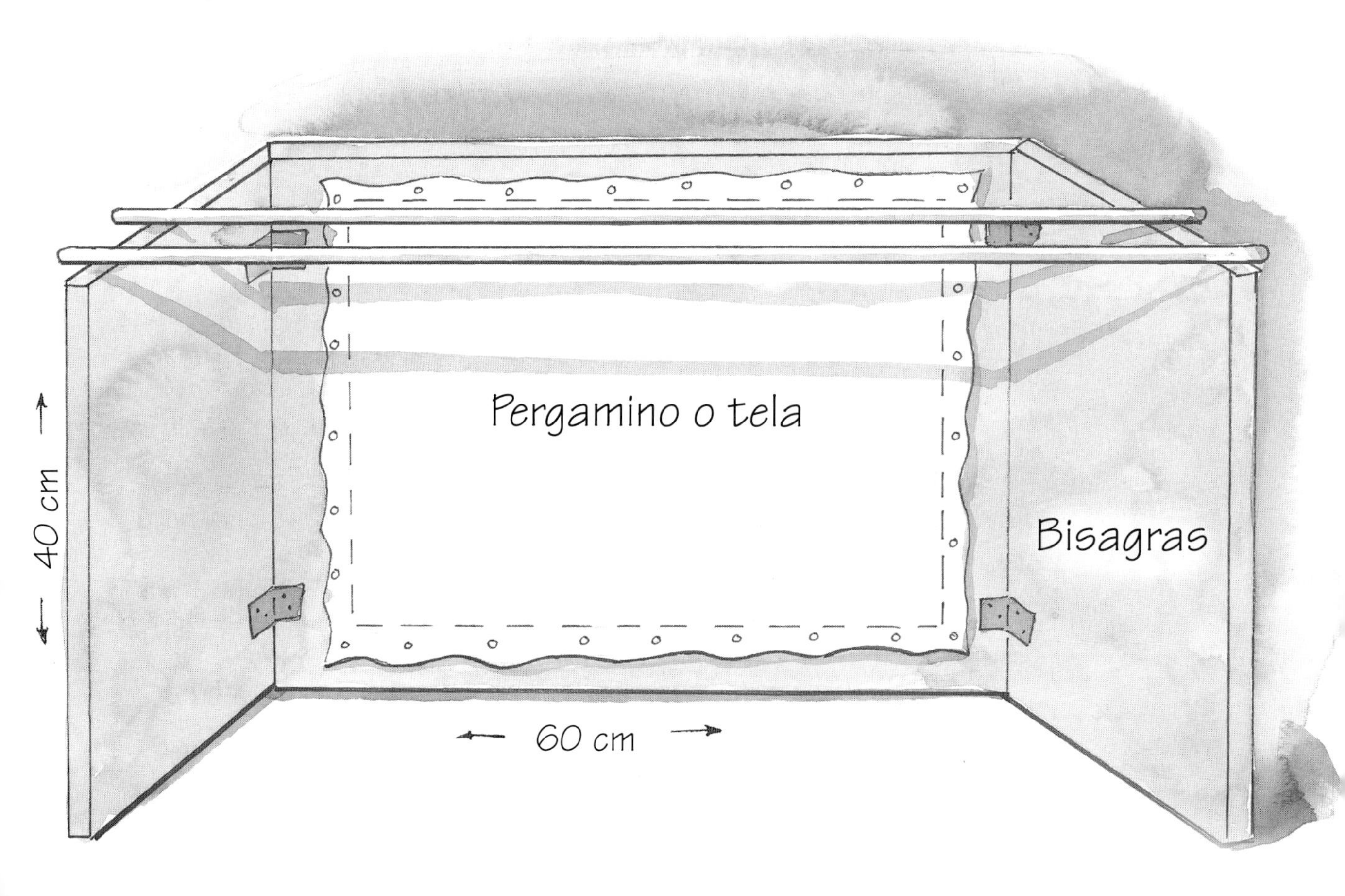

Telón colgado

En este caso el teatrillo es un telón enrollable que se quita y pone con la mayor facilidad, y se guarda cómodamente. La pantalla o parte translúcida puede ser de un tamaño considerable, permitiendo la intervención simultánea de varios actores.

Edad: a partir de 4 años
Tipo: montaje-actividad
Lugar: mesa grande, habitación a oscuras
Material: tela de color oscuro, tela blanca de seda o papel pergamino para confeccionar la pantalla; eventualmente retales de diversos colores, enseres o máquina de coser, adhesivo, 2 largueros (varas o cañas de bambú); 2 ganchos de cortina para colgar el telón; lámpara de pie o colgante, o proyector de diapositivas o de opacos, si se dispone de ello (utilización como foco de luz blanca); figuras recortadas; imperdibles o agujas de hacer calceta

Realización: Según el croquis, modificando las medidas con arreglo al espacio de que se disponga. La pantalla de tela blanca o papel se coserá o pegará en la ventana practicada en la tela opaca de color oscuro. Ayudaremos a los niños reforzando la costura con un pespunte. Arriba y abajo coseremos dobladillos por donde pasarán los largueros que han de servir para tensar el telón. El larguero superior se puede colgar con dos ganchos en el hueco de una puerta o entre dos armarios o estanterías. Se prestará atención a la proporcionalidad entre el tamaño de la pantalla y el de las figuras recortadas que van a protagonizar la acción.

Iluminación: Lámpara de pie o colgante posicionada de forma que alumbre detrás de los niños que manipulan las figuras, sin estorbar. En caso necesario, asegurar la posición de la lámpara con alambres, no vayan a derribarla por exceso de entusiasmo durante la representación. También da buenos resultados el foco de un proyector, colocado sobre una base estable.

Manipulación: Si los niños son pequeños pueden colocarse debajo de la pantalla, o puestos a un lado, para mover las figuras. Si se quiere flanquear la escena con unos decorados, o colocar figurantes inmóviles, los fijaremos con imperdibles o agujas de hacer calceta.

Decorados y otros efectos

Con los efectos especiales y los cambios de decorado, las funciones del teatro de sombras alcanzan un nivel considerable de sofisticación técnica. A los niños irán ocurriéndoseles variaciones nuevas conforme vayan familiarizándose con el medio.

Edad: a partir de 4 años
Tipo: montaje-actividad
Lugar: mesa grande de bricolaje
Material: cartón, papel, papel metalizado, lámina de aluminio, cúter con tabla de cortar, abalorios, canicas, mallas, alambres, ramas, clips de oficina, pinzas para la ropa, cinta adhesiva, imperdibles, cordel, hilo, etc.; eventualmente celofán de colores, botellas de vidrio de distintos colores, telas translúcidas, puntillas, canicas de vidrio; eventualmente linterna de bolsillo, globos hinchables
Preparación: reunir una colección variopinta de material y tenerlo dispuesto sobre la mesa, ordenado en cajas de cartón

Realización: Para los dos tipos de teatrillo descritos recortaremos unas bambalinas laterales de cartón o papel opaco, sin olvidar la proporcionalidad entre decorados y figuras (personajes). La parte central de la pantalla debe quedar despejada para la acción. En función del argumento, estos decorados consistirán en árboles, torres con almenas, casas con puertas, ventanas y tejados a dos aguas. Todo ello alto y estrecho, se fijará lateralmente con clips, cinta adhesiva o imperdibles.

Efectos: Los efectos especiales se obtendrán fundamentalmente por medio de materiales transparentes o translúcidos de distintos colores. Doblando alambre se construyen figuras de dos dimensiones (el tronco y la copa de un árbol, la silueta de un velero), cuyo trazo se enriquece enrollándoles hilos o cordeles en distintas direcciones. Con celofán transparente y objetos de vidrio de distintos colores se obtienen decorados abstractos. Las láminas transparentes de distintos colores, puestas delante del foco, crean ambiente para las distintas escenas (pero cuidando de no acercar demasiado la película plástica a la bombilla, no vaya a quemarse). También podemos utilizar telas translúcidas, puntillas, bolas de vidrio puestas en bolsas de malla, papel transparente arrugado, etc., a fin de crear paisajes sugeridos en forma de sombras difusas.

Iluminación: Permite prescindir totalmente de los decorados, si se dispone de medios para variarla. Entre los trucos luminotécnicos, sugerir relámpagos y apariciones fantasmales lanzando destellos con una linterna de bolsillo. Una tela o lámina transparente de color verde sugerirá que la escena se desarrolla en el bosque. Un fondo azul creará el ambiente para el aterrizaje de un OVNI. Estos elementos se tendrán preparados y colgando de hilos con ganchos mientras no se necesiten.

Cómo confeccionar nuestras propias figuras

La utilización de estas figuras no se limita al escenario. También pueden servir para decorar ventanas y pantallas de lámparas. Con accesorios como alambres, papeles recortados e hilos se perfeccionan a voluntad. Hay temas de invariable popularidad como los dinosaurios, los dragones voladores y los personajes favoritos de los cuentos, los monigotes de los libros de dibujos y de la televisión. Sin embargo, el juego de sombras no está forzosamente limitado a las figuras imaginarias. También las sombras de las personas vivas sirven para crear efectos cómicos, y lo mismo los personajes a la moda en el mundo infantil: un deportista, una cantante «pop», un clown *célebre.*

Edad: a partir de 4 años
Tipo: montaje-acción
Lugar: mesa grande de bricolaje; teatrillo de sombras

Material: cartulina de colores, papel opaco de colores, tiras de cartón fuerte (que servirán de mangos o asas), grapadora, alambre; eventualmente, papel vegetal y celofán, telas, puntillas, mallas, cúter con tabla de cortar, enseres para coser, barra de adhesivo, taladro, sacabocados o aguja de hacer calceta

Preparación: si las siluetas van a ser complicadas, quizá convendrá dibujar y recortar previamente un patrón, que luego los niños calcarán y adaptarán, si quieren, según sus preferencias. Estudiaremos con atención los objetos que nos propongamos, a fin de hallar el perfil más característico que permita reconocerlos luego

Figuras que suelen agradar a los niños: los más pequeños esbozan siluetas sencillas sobre cartulinas de colores y les grapan por detrás un mango hecho de una tira de cartón fuerte. Son humanos y animales dibujados de perfil, y que tengan rasgos muy salientes. Se admite la exageración. Importa menos el detalle que la observación aguda, la que acierta con la característica esencial. La vista de plano es admisible para representar asuntos simétricos: insectos, aviones y demás por el estilo.

Variante 1

Son más profesionales y ofrecen muchas más posibilidades las figuras articuladas, que admiten movimientos estilizados. Copiar las propuestas ampliándolas, calcarlas sobre cartulina (con las variaciones individuales que cada uno prefiera), corregir los dibujos y recortarlos. Podemos crear así, por ejemplo, la población de un castillo medieval (las princesas con sus gorros de hada, los caballeros en armadura y casco de alto plumero, el rey con su cetro y su corona, los cazadores y sus halcones, etc.), o la tripulación de un submarino (incluyendo los monstruos de las profundidades marinas), o unos millonarios de safari con el salacot, los prismáticos y las fieras de la selva.

Con el sacabocados practicaremos los agujeros para las articulaciones, que montaremos con hembrillas de las que se usan para encuadernar documentos, y dejándolas un poco flojas para que sean fácilmente maniobrables. Un poco por encima del centro de gravedad de la figura se fijará la tira de cartón que debe servir de asa, grapándola sólidamente. Los miembros móviles como los brazos, la cabeza y las man-

díbulas (véanse los ejemplos) van unidos a un alambre rígido que sirve para la maniobra. Con una mano se sujeta la tira de cartón que sirve de mango para la figura, mientras la otra mano acciona el alambre.

Variante 2

Para mayor realismo, recortar la silueta de un personaje real (foto de perfil), ampliada o reducida en la xerocopiadora al formato que convenga, y completada con un cuerpo apropiado. De esta manera se pueden montar pequeños entremeses y escenas de gran comicidad tomadas de la vida cotidiana. Y los niños se trasladan a los mundos fantásticos de sus cuentos. ¡Una experiencia absolutamente inédita!

¡Arriba el telón!

Una vez superada la fase de planeamiento y montaje, pasamos a la representación. Los diversos elementos se reúnen formando ese todo complejo, pero coherente, que es una pieza teatral. En nuestro caso lo más importante no es que salga todo perfecto, sino divertirnos y jugar.

Edad: a partir de 4 años
Tipo: actividad
Participantes: 4 actores o más
Lugar: sala con espacio para el público
Material: véase la página 69 y siguientes; figuras recortadas; instrumentos de música sencillos, o efectos sonoros
Preparación: disponer los medios, dejar la sala a oscuras (a media luz será suficiente), acomodar a los espectadores

Los cuentos y fábulas de toda la vida nos darán un punto de partida argumental que nunca pasa de moda. Aunque también los temas de actualidad sirven para desarrollos sencillos: una anécdota reciente, un libro infantil, un verso, una canción. Previamente se comentará el tema y el desarrollo de la acción. También hay que determinar, antes de empezar, si las figuras van a intervenir con diálogos. De la edad que tengan los niños y el interés que observemos en ellos dependerá la decisión de organizar ensayos y una verdadera programación, o si se dejará en función improvisada.

Desarrollo de la acción: Se reducirá a un pequeño número de escenas y diálogos reducidos al máximo. Que no falte un elemento de tensión dramática. Si va a ser una representación cara al público, es necesario que haya un nudo y un desenlace. La actividad de las figuras, por tanto, irá encaminada a descubrir algo, salvar a alguien de una situación difícil o resolver una dificultad, como en los cuentos. Los viajes, en el sentido más amplio de la palabra, también son un buen tema argumental, ya que cada etapa permite que aparezcan personajes nuevos y desaparezcan los que van sobrando. De este modo puede intervenir el mayor número posible de niños sin necesidad de recargar las escenas.

Variantes

Los niños fabrican figuras de fantasía y hacen que intervengan en la acción espontáneamente. Así, por ejemplo, un personaje llama al siguiente, éste despide al anterior y solicitará un nuevo interlocutor, etc., hasta que les haya tocado el turno a todos. En este caso cada pequeño se responsabiliza de un solo personaje, y así tendremos controlada la secuencia de las intervenciones. Los movimientos de las figuras de cartón deben ser comedidos y pausados, para no maltratar en exceso la atención de actuantes y espectadores. También se designará a un responsable de la luminotecnia y de ir cambiando los decorados.

Efectos: Para los pequeños espectadores rigen, por lo demás, las mismas reglas que habremos visto en los teatrillos de títeres: trabajar mucho con versos fáciles y canciones, y solicitar la participación del público mediante preguntas, interpelaciones y palmadas. La música y los ruidos también tienen aplicación. Variando la iluminación se consiguen sorprendentes efectos ambientales.

«Tim busca a su perrito» Buscando a su mascota Bello, el pequeño Tim se aventura en un barrio de la ciudad desconocido para él y conoce a muchas gentes curiosas que le dan pistas. Por último, la alegría del reencuentro.

«Tom, el gato aventurero» Tom el gato sale a dar su paseo acostumbrado, se tropieza con algunos enemigos peligrosos, está a punto de ser atropellado por una moto y encuentra en un cubo de basura una sabrosa colección de raspas de sardina.

«Viaje de Tonia a través del tiempo» Tonia se embarca en la máquina del tiempo y conoce dinosaurios enfurecidos, hombres de la Edad de Piedra, caballeros medievales y empelucadas damas del siglo barroco. Todos hablan de sí mismos y finalmente Tonia se encuentra en una lejana galaxia donde descubre a unos extraños hombrecillos con antenas y trata de entablar conversación con ellos.

«La tortuguita Mara sale a buscar el Sol» Mara ha visto un disco de color anaranjado (linterna de bolsillo con papel anaranjado transparente) que va desapareciendo poco a poco. Quiere averiguar adónde va, y recorre páramos y bosques entre tormentas, nubes y crepúsculos. Durante el camino, interroga a todos los humanos y animales que encuentra pero nadie logra darle razón en cuanto al paradero del Sol. Hasta que, fatigada, se esconde a dormir debajo de un árbol y cuando despierta ve que el sol ha salido otra vez: ¡ha comenzado un nuevo día!

¿Cuadros vivientes

Lo familiar y conocido, pero visto bajo un ángulo insólito, inaugura nuevas perspectivas para la noción que los pequeños tienen de sus amiguitos y de sí mismos. En principio, el tipo de espectáculo llamado «cuadro viviente» admite dos modalidades. En la primera y más sencilla, sin pantalla (véase la página 82). En la segunda y técnicamente más elaborada, hay que montar un auténtico escenario y los niños actúan ocultos; los espectadores contemplan el movimiento de las sombras.

Edad: a partir de 8 años
Tipo: actividad
Participantes: 4 actores o más
Lugar: sala que pueda quedar a oscuras
Material: pieza de tela blanca y translúcida de seda o algodón, de unos 2 × 3 m; tiras de tela para hacer lazos; eventualmente tira de pasamanería con plomos de lastre, barra de madera y ganchos de cortina para colgar la tela; chinchetas o cinta adhesiva; eventualmente cuerda de tender la ropa, pinzas; libros o ladrillos para sujetar los bajos; varios focos halógenos (de 150 vatios) o lámpara de pie; alambres o cordones; eventualmente sillas, muebles, bicicletas, etc., como elementos del decorado; linterna de bolsillo
Preparación: coser dobladillos para reforzar la tela que va a servir de pantalla (eventualmente cosida a su vez de varias piezas) y coserle los lazos de fijación. En la parte baja coseremos una tira de pasamanería con plomos (o lastraremos la pantalla con otros objetos pesados. Disponer las filas de asientos para el público espectador y preparar lo necesario para dejar a oscuras la sala, los elementos de luminotecnia y la instalación de la pantalla. Comentar previamente el tema, la actuación, los personajes y los aspectos del atrezo

Escenario: Tender la tela con ayuda de la barra y los ganchos en un vano apropiado, que puede ser un nicho que tenga la pared, o una esquina de la habitación, calculando una boca de escenario de 2 × 2 m cara al público. Dan buen resultado los umbrales de las puertas de doble batiente por donde se accede al salón. En verano la función puede celebrarse en el garaje, tendiendo la pantalla en la puerta cochera y sentando a los espectadores en el jardín. En algunos casos una simple cuerda de tender la ropa puede ser suficiente para montar la pantalla, lastrando el borde inferior la tela con un par de libros o de ladrillos. Para el movimiento de los actores detrás de la pantalla debe quedar una superficie practicable también de unos 2 × 2 m; si es un nicho sin otra posibilidad de acceso, dejaremos algo suelto uno de los lados de la tela para que aquéllos puedan entrar y salir. Por lo demás, si el viento tiende a agitar la tela quizá será necesario fijar los bordes con chinchetas o cinta adhesiva.

Iluminación: Colocar una lámpara o un foco a una altura aproximada de 1 m y distancia de 1,5 m de la pantalla, detrás de los actores. Cuando el escenario sea muy grande posiblemente habrá que emplear varios puntos de luz enfocados perpendicularmente a la pantalla (para evitar que interfieran los unos con los otros, ya que producirían sombras repetidas). La iluminación debe fijarse sólidamente para no derribar ninguna lámpara con un ademán impulsivo; en caso de duda utilizaremos alambres o cuerdas para atarlas mejor.

⚠ Antes de la función, controlar detenidamente la estabilidad de las lámparas y que nadie toque las bombillas.

Efectos: Para los efectos especiales de luminotecnia y sonido sirve lo sugerido en relación con los teatrillos de figuras (página 72), quedando encargado de todo ello alguno que no intervenga como actor.

Atrezo: Al elegir un escenario grande, aumentan mucho las posibilidades técnicas. Detrás de la barra que sirve para tender la pantalla puede instalarse otra barra adicional que servirá para colgar los objetos que de momento no sean necesarios, así como los decorados. Las piezas ligeras parecen flotar o volar cuando se manipulan desde detrás de las bambalinas por medio de hilos colgados sobre dicha barra. También cabe la posibilidad de sacar letreros (con letras recortadas de gran tamaño, alineadas en una cuerda con pinzas de tender la ropa y transportadas entre dos niños). Los decorados de cartón se completan con sillas, mesas, y otros objetos reales que proyecten una sombra característica. Los efectos se completan con celofán transparente de distintos colores (para juegos luminotécnicos), distorsiones, linternas de bolsillo, redes y mallas colgadas o tendidas. Durante los preparativos de la función irán surgiendo nuevas ideas.

Colocación de los actores: Nunca deben intervenir en escena simultáneamente más de dos o tres niños, puesto que han de moverse en el reducido espacio que les queda entre la pantalla y los focos, a fin y efecto de que las sombras se proyecten con la necesaria nitidez, y dando siempre el perfil en relación con el lugar ocupado por el público. Se obtienen resultados fan-

tásticos, de gran audacia imaginativa, cuando los humanos actúan simultáneamente con figuras recortadas que ellos mismos manipulan. Todo está permitido. El grupo decidirá si prefiere que los niños representen ocurrencias improvisadas, o un pequeño argumento preparado y ensayado previamente.

Artistas del disfraz

En el teatro de sombras los figurines no requieren tanto dispendio como en los escenarios normales, puesto que el público no puede apreciar los colores ni los materiales. Con la mayor facilidad se realizan máscaras y atuendos asombrosos, cuya confección apenas requiere unos minutos, y que pueden transformarse en cuestión de segundos.

Edad: a partir de 4 años
Tipo: actividad
Participantes: 3 actores infantiles o más
Lugar: teatro de sombras
Material: mucho papel de periódico, cinta adhesiva de crepé, cordones, goma elástica para prendas, imperdibles, grapadora, cartón y objetos de la vida cotidiana

Los disfraces deben ser temáticos. Los niños se reunirán a discutir el asunto y los requisitos.

Vestuario: El papel de periódico es un material ideal para improvisaciones destinadas al teatro de sombras.

Con el papel de periódico basta plegar, recortar (incluso rasgándolo con las manos), retorcer y pegar sobre el cuerpo con cinta adhesiva o sujetar con gomas.

Superponemos varias capas de papel, rasgamos tiras estrechas en el sentido de la fibra dejando una franja unida, y en menos de lo que se tarda en contarlo tenemos una falda de aborigen de las islas del Sur. Con serpentinas de la última fiesta pegadas sobre un casco de cinta adhesiva se confecciona una peluca barroca llena de rizos.

Plegando hojas enteras de papel de diario se forman faldas plisadas o guardainfantes a la española.

De la Edad Media: con hojas de diario enrolladas en forma de cucurucho, los gorros para las princesas; plegadas en forma de barquillo, los gorros de los lansquenetes. Con la grapadora añadiremos plumeros y escarapelas de papel.

Con tiras estrechas de papel simularemos el pelaje de los homínidos primitivos o de las fieras de los bosques del Norte.

Con papel de periódico arrugado debajo del jersey, cualquier chaval puede simular una musculatura de campeón de todos los pesos.

En todas estas creaciones hay que recordar que las figuras se expresan de perfil. No vale la pena refinar demasiado los detalles porque las sombras de las figuras ocultarán gran parte de ellos.

Accesorios: Espadas, instrumentos de música, máscaras, todo ello puede recortarse en cartón. Zancos reales, patines, gafas de submarinista, escobas, teteras y otros objetos completan, si se quiere, el atrezo.

Argumentos para el teatro de sombras

«Caballero medieval busca dama de sus pensamientos» o «los orangutanes corriendo por la selva»... Las historias improvisadas nacen de manera casi espontánea una vez se ha montado el escenario y los niños han revestido unos disfraces basados en una temática determinada.

Edad: a partir de 4 años
Tipo: actividad
Participantes: 3 actores infantiles o más
Lugar: teatro de sombras
Material: escenario, efectos y figurines (véase la página 75 y siguientes)
Preparación: programar la puesta en escena y la acción. Ante argumentos un poco más complicados, tomar nota en forma de palabras clave, y tal vez preparar una pequeña introducción

A fin de poner en marcha la actividad, realizaremos una pequeña demostración para los niños. Ellos pasarán a ocupar el lugar de los espectadores, y la persona o personas adultas que dirigen el juego se colocarán detrás del telón iluminado para enseñarles la mímica. Se les explicará el origen del teatro de sombras, se les presentarán algunas figuras y disfraces, se les enseñarán algunos movimientos de perfil y se les demostrarán las diferentes posibilidades de la iluminación. Cuando se disponga de tiempo suficiente los adultos pueden representar un breve *sketch* o una situación de la vida cotidiana. Llegados a este punto los pequeños estarán ya impacientes por participar.

Improvisación: Si vemos que el grupo no está para la disciplina de muchos ensayos preliminares, dejaremos que improvisen. Que se pongan de acuerdo para representar una escena de la vida diaria, o un cuento o una historia que todos conozcan. También se puede escenificar un proverbio, para lo cual se repartirán los actores en pequeños equipos de dos a tres participantes. Éstos desarrollarán los diálogos. Si todos eligen el mismo tema, la función tendrá el encanto de ofrecer las diferentes interpretaciones de cada grupo. O también pueden representar variantes alrededor de un centro principal de interés.

Con el entusiasmo inicial, a menudo hay que vigilar para evitar que los niños se alejen demasiado de la pantalla, o se salgan por un lado. A veces olvidan la necesidad de colocarse de perfil, ya que ellos no se ven a sí mismos ni pueden ver las reacciones del público.

Variantes

El interés de la función para los espectadores aumenta cuando los invitamos a adivinar qué es lo que se está representando, por ejemplo qué personaje («Alicia y el gato de Cheshire»...) o qué juego («la gallina ciega»), etc.

«La vuelta al mundo» Si se tiene un grupo multiétnico, cada niño puede representar alguna cosa de su país utilizando la indumentaria y los enseres típicos.

«El personaje oculto» Algunos niños se esconden detrás del telón y el público debe adivinar a quién corresponde cada uno de los perfiles que están viendo.

«El desayuno de tío Guillermo» Un personaje con barba (postiza) ejecuta la rutina matutina de todos los días, desde servirse el café hasta pelar el huevo pasado por agua, derramársele el contenido de la taza sobre el periódico y salir a toda prisa con el portafolios rumbo a la oficina.

«Vísteme despacio que tengo prisa» Fabián se va poniendo metódicamente los calcetines, la camisa, los zapatos, la chaqueta, el abrigo y la bufanda, hasta darse cuenta de que ha olvidado la camiseta, lo que le obliga a desvestirse y volver a empezar.

«Monstruos de la fantasía» Un grupo de dos o tres niños compone una quimera de seis patas o un ave gigantesca con trompa, cruzando solemnemente el escenario de un lado al otro.

«Dando la papilla a Simón» Mamá lo intenta con la botella del biberón, con el plato y la cucharilla, y con el cucharón sopero, mientras el crío se dedica a salpicar de papilla todo lo que le rodea.

«Para qué sirve una botella» Una botella como las de vino, accionada por un personaje, se transforma sucesivamente en recipiente, florero, objeto volador, péndulo (colgada de un cordel) o instrumento de viento.

«La mosca» La mosca recortada a gran tamaño en cartulina cruza la escena, manejada por medio de un alambre rígido. Su zumbido insistente le estropea la siesta a papá. Él, cada vez más irritado, trata de darle un papirotazo con evidente daño para todos los muebles de la habitación.

«En la peluquería» Inés ensaya distintas creaciones estilísticas con los largos cabellos de Alejandra.

«Actividades insospechadas» Todos están mirando la televisión, víctimas de profundo aburrimiento. Diego derrama el contenido de su vaso de cerveza en la jardinera del comedor. La planta empieza a crecer y crecer (ir añadiendo hojas de papel de diario cada vez más grandes) hasta que los expulsa a todos de la habitación obligándolos a buscar otras actividades más interesantes. El tedio ha desaparecido.

«Horrores cotidianos» Objetos característicos del entorno de los niños vistos bajo un ángulo original. El cepillo del inodoro se lamenta de su triste sino. La caldera de la calefacción, siempre averiada, se justifica. El patinete de Kevin se queja porque su dueño siempre lo deja tirado a la puerta de la casa; todos los demás personajes a medida que van entrando tropiezan con él y montan en cólera.

«Disputa familiar» La representación de los conflictos habituales en un teatrillo de sombras a lo mejor pone de relieve algunos aspectos insospechados. Bernardo remolonea a la hora del desayuno y siempre se le escapa el autobús escolar. Su padre le despertó demasiado tarde. Cris no quiere ayudar a su madre en el jardín, prefiriendo quedarse en su habitación sin hacer nada...

«El móvil de tina»: Un *sketch* para el teatrillo

Las escenas breves no necesitan decorados ni vestuario, ya que su interés consiste en la viveza de la acción y la ingeniosidad del diálogo. Se trata de desarrollar situaciones de la vida cotidiana. Los cambios de escena pueden sugerirse variando el color de la iluminación.

Edad: a partir de 6 años

Participantes: 5 actores infantiles; eventualmente otros como figurantes

Lugar: teatro de sombras

Material: pantalla, pelota de gimnasia o silla, taburete y otros muebles, teléfono móvil, enseres de cocina (para efectos de ruido), disfraz de perro para uno de los niños (felpa o tiras de papel de periódico), pelota, coches, patines, figura de loro y otros juguetes, grabadora, uno o dos focos (halógena de 150 vatios), eventualmente con transparentes de varios colores

Preparación: poner a punto el escenario, los disfraces y demás atrezo. Uno de los pequeños se disfrazará de perro con grandes orejas colgantes y rabo

Tina está en su habitación, donde impera el más absoluto desorden, sentada en un balón grande de gimnasia, y se aburre. A su lado, un taburete. Ella tiene su móvil en la mano y está telefoneando.

—Sí, yo también estoy aburrida... Nooo. No me apetece. ¿Jaime? No sé... ¿Sí?... No, yo tampoco. Adiós.

Tina bosteza y se mira las uñas con intensa concentración. Suena la musiquilla del móvil.

—¿Sí?... ¡Ah! Eres tú. ¿Cómo estás?... Sí, yo también... Sí, yo también me aburro... Lo mismo te digo. Hasta mañana.

Tina balancea una pierna, se estira. Espera un rato y luego marca un número en el móvil.

—Hola, soy Tina. ¿Está Jaime ahí?... ¿No? ¡Qué lástima!... Nooo... Sí... Nooo... Adiós.

Después de balancear la otra pierna durante un rato, Tina se pone en pie y se coloca delante del pecho varias camisetas, a ver cuál de ellas le gusta más. La madre de Tina (al fondo):

Madre: —¡Tina! ¿Quieres vaciar la lavadora, por favor?

Tina: —¿Otra vez, mamá? ¡No tengo gana!

Madre: —Pues a mí me parece que podrías ayudar un poco, en vez de andar siempre hablando por teléfono, ¡que no es gratis!

Con un ademán de desgana, Tina deja el móvil sobre el taburete y hace mutis por el foro. Se oye ruido de enseres de cocina. Aparece el perro de Tina, un peludo grandote.

Perro: —¡Ah! ¡El hueso con el que siempre está hablando Tina! ¡Voy a guardarlo!

El perro atrapa el móvil y hace mutis. Tina regresa y se pone a buscar su móvil.

Tina: —¡Vaya! ¡Ahora no encuentro el móvil! ¿Dónde lo habré metido? Ojalá llamase alguien ahora y así se oiría la música.

Hace el ademán de llevarse la mano a la oreja y desaparece, suponiéndose que se ha adentrado en la vivienda para buscar el móvil. Al fondo se oye como un despertador y ella cruza una puerta imaginaria buscando el origen del sonido.

Tina: —¡Ah! ¿Conque se lo ha llevado Tim? Oye, Tim, ¿por qué me has quitado el móvil?

Desde el fondo se acerca un chico más pequeño que Tina, su hermano Tim.

Tim: —Yo no te he quitado nada. Ahora soy un bombero. Siempre que toca mi despertador he de salir a toda velocidad con mi coche para apagar un incendio, ¿quieres jugar?

Tina: —¡No! ¡No me apetece nada!

Tim se aleja con su camión de juguete bajo el brazo. Tina sigue buscando, se supone que sube y baja escaleras, aplica el oído a varias puertas. Al fondo se oye una vibración que pudiera tomarse por la de un teléfono móvil.

Tina: —¡Caramba! ¡Conque ahí está mi móvil! Elena se lo ha llevado.

Timbre de puerta. Aparece una muchacha algo mayor que Tina, con patines, y da una vuelta alrededor de Tina.

Elena: —Hola, Tina.

Tina: —¡Devuélveme mi móvil ahora mismo, Elena!

Elena: —Yo no lo tengo. Estaba jugando a hablar por teléfono con Roberto.

Se vuelve y saca un loro que emite ruidos de teléfono móvil.

Tina: —Aggg. Qué bicho.

Elena: —Es mi loro Roberto. Lo hace bien, ¿verdad? Cada vez que lo pincho con el rotulador, él toca la música y mi madre corre al teléfono, ¿quieres jugar?

Tina: —No, ahora no tengo ganas.

Tina continúa con su peregrinación y una vez más se oyen los pitidos y la musiquilla repetida.

Tina: —¡Será posible! ¡Es Julián el que tiene mi móvil!

Aporrea con cierta violencia la imaginaria puerta.

Tina: —¡Eh, Julián! ¡Abre! ¡Sé que estás ahí!

Por un lado entra un muchacho en actitud tranquila.

Julián: —Hola, Tina, ¿qué hay?

Tina: —Anda, déjate de tonterías y devuélveme el móvil.

Julián: —Pero si éste es el mío. Estoy jugando a ser comisario. Invento «aventis» y me las grabo en este casete. Precisamente acababa de sonar el teléfono de la comisaría, ¿quieres colaborar?

Tina (mucho más humilde que al principio): —No, ahora no puedo. Estoy buscando mi móvil.

Julián: —¿Para qué lo necesitas ahora?

Tina: —¡Por si alguien me llama, tonto! Imagínate que me llaman ahora, ¿cómo voy a contestar?

Julián: —Bueno, pues ¡adiós! —*Cierra la puerta de golpe. Se oye el teléfono y luego una salva de imaginarios disparos, ráfagas de ametralladora y sirenas de coches patrulla.*

Tina va de un lado a otro (siempre dando el perfil a la pantalla), en actitud de escuchar. Los demás acuden de todas partes y se reúnen a jugar. Tina se queda mirándolos.

Tina: —¡Tontería de móvil!

Tim: —¡Anda, Tina! ¡Ven a jugar con nosotros!

Ella todavía se hace de rogar un poco. Todos hacen corro como si jugasen a la gallina ciega, haciendo ruidos de teléfono móvil para tomarle el pelo a Tina.

Por un lado aparece el perro y se tumba en medio del escenario con el móvil en la boca. Se oyen unos crujidos.

Perro: —¡Bah! ¡Qué porquería! Este hueso no tiene ningún sabor. Voy a devolverlo.

El perro lleva el móvil hasta el taburete y luego corre a reunirse con los niños. El móvil protesta emitiendo sonidos lastimeros, pero nadie le hace caso.

Distorsiones

Este juego es una forma de teatro de sombras que prescinde de la pantalla por completo.

Edad: a partir de 5 años
Tipo: actividad
Participantes: 3 niños o más
Lugar: habitación grande a oscuras, con una pared blanca desocupada
Material: prendas oscuras o de color negro; uno o dos focos (halógena de 150 vatios) o lámparas de pie potentes; celofán de colores
Preparación: una vez establecido el tema, se puede pasar a la preparación que consistirá en la confección del vestuario y demás atrezo en tela y papel opaco negros. La iluminación se dispondrá colocada entre el público y los actores, y dirigida hacia la pared. Las lámparas deberán posicionarse de manera estable, evitando que pueda caerse ninguna de ellas. Colocar a los espectadores y oscurecer la habitación. Eventualmente prever un fondo musical

Con la iluminación colocada delante del público y enfocada hacia la pared, los actores vestidos de oscuro y sus sombras se verán de manera simultánea, casi como duplicados. Lo cual no molesta, sino que por el contrario produce un efecto de fantasía, y además los actores pueden controlar directamente sus propios movimientos. Con grupos pequeños y en interiores suele ser suficiente un solo foco y una pared desocupada (descolgar los cuadros y correr los muebles en caso necesario) de unos 3 m de ancho, frente a un espacio despejado de unos 2 × 2 m por donde se moverán los actores. Éstos serán dos o tres como máximo en cada escena, separados de 1 a 2 m con respecto a la pared clara del fondo.

Temas: Las posibilidades temáticas vienen a ser las mismas del teatro de sombras con figuras vivas (página 75), pero admite más estilización e irrealismo. Para empezar nos limitaremos a desplazar las lámparas, a fin de que los niños comprueben las distintas relaciones de tamaño que se obtienen; pueden representar que están entre liliputienses, o en Brobdignac con los gigantes. Que dos o tres de ellos traten de representar un cuadro viviente, por ejemplo con elefante o un *rickshaw*. Con unas alas grandes de cartón podrían figurar una bandada de pájaros y representar el ballet de los grajos. Las escenas de fantasía resultan mejor cuando se prescinde casi por completo de diálogos y música.

Luminotecnia: Según incida la luz por arriba o por abajo se reducen o se agrandan las sombras, y éstas aparecen naturales o distorsionadas. La colocación de las lámparas puede modificarse varias veces durante la representación.

- Cuando se instalan dos o tres lámparas orientadas lateralmente, se obtienen sombras dobles y triples, que además se superponen parcialmente dando una gama de grises, con núcleo negro en el centro.
- Cuanto más se aleja la lámpara del escenario más difusas resultan las sombras.
- Las proporciones se varían atrasando o adelantando los focos.
- Los focos colgados muy altos dan figuras enanas.
- Con los focos a la altura de las rodillas, o añadiendo el haz de una linterna, las sombras se agigantan hasta el techo.

Para todas estas manipulaciones designaremos a un chico o chica, que será el especialista en luminotecnia como los tienen los teatros «de verdad».

Efectos: Con celofán o papel transparente de diversos colores se pueden conseguir ambientes especiales mediante la iluminación. Estos filtros de color se fijarán a cierta distancia de los focos y no deben quedar nunca sin vigilancia.

Cuando coinciden diagonalmente dos haces de luz de distintos colores se forma un tercero, y también las sombras adquieren matices muy variados.

En el gabinete de los espejos

Dime espejito mágico,
¿sigo siendo la más bella...?

A partir de los cuatro años empiezan a reconocerse los niños en el espejo. Y también los chimpancés inteligentes contemplan su imagen y la estudian, llegando a reconocerse en tanto que individuos. En cambio los perros y otros animales se ven, pero generalmente no comprenden que se trata de su propia imagen.

En materia de espejos, vivimos mucho más favorecidos que nuestros antepasados. El hombre primitivo conocía su propia imagen por el reflejo visto ocasionalmente en superficies de aguas tranquilas, como charcas o estanques. Más adelante los ricos tuvieron espejos de metal pulido, y en épocas no tan alejadas de nosotros, los de cuerpo entero todavía eran un objeto de lujo. Hoy existen espejos en todas las viviendas, y las grandes superficies reflectantes de vidrio y metal forman parte del paisaje urbano.

La trayectoria de nuestro rayo de luz, que veíamos en el capítulo 2, puede romperla el espejo. Los niños han aprendido que, en principio, la luz se propaga en línea recta hasta el infinito cuando no tropieza con ningún obstáculo. También hemos visto que las superficies oscuras la absorben, que los prismas y las lupas la desvían y refractan. Aquí estamos ante un aspecto nuevo: la reflexión. La luz rebota en las superficies pulidas, lo cual significa que éstas devuelven la imagen. En todo punto de una superficie reflectante, la normal o perpendicular, el rayo incidente y el rayo reflejado se hallan en el mismo plano, y el ángulo de incidencia es igual al ángulo de reflexión.

Para las actividades lúdicas que vamos a proponer seguidamente, es útil hacerse de antemano con un surtido de espejos. Se encuentran fácilmente en los neceseres viejos de cosmética y de costura, cuyas tapaderas suelen contener espejos pequeños. Para algunos experimentos bastará un papel de aluminio grueso, del que se utiliza para guardar alimentos en el frigorífico, o tapaderas de viejas latas de galletas. Los espejos de vidrio se manipularán siempre con prudencia. En caso de rotura recogeremos inmediatamente todos los pedazos, que no deben volver a utilizarse. Durante los experimentos los niños estarán permanentemente vigilados.

Imágenes en el espejo

A los niños pequeños su propia imagen suele causarles gran curiosidad. Poco a poco van comprendiendo su aspecto y aprenden a controlarlo. Por otra parte, la imagen invita a la comparación directa con los demás.

Edad: a partir de 3 años
Tipo: actividad-juego
Lugar: sala grande
Material: espejo grande de pared, hojas de papel con letras sueltas

Si se dispone de un espejo grande de pared, los niños se colocan adoptando posturas típicas: ¿cómo quedo mejor? ¿Cómo me muevo al caminar? ¿Qué muecas se pueden hacer con el semblante? Mediante preguntas dirigidas, estructuramos la auto-observación. La diversión consiste en conocerse mejor uno mismo y en estudiar los propios movimientos y expresiones faciales. Algo ha cambiado, sin embargo. ¿Quién será el primero en darse cuenta de que la imagen del espejo tiene los lados cambiados?

Los niños de más edad ya intentan representar personajes de ficción, o presentarse en posturas desacostumbradas. ¿Cómo me plantaría yo, si fuese muy tímido? ¿En qué postura estoy sentado mientras hago un trabajo para la escuela? ¿Qué cara pongo cuando estoy perplejo con un problema de matemáticas?

Variante 1

Todos ensayan actividades dirigidas delante del espejo. Tratemos de poner un poco de fantasía en nuestras proposiciones: mueve la oreja izquierda; hurga con el dedo índice derecho en el orificio izquierdo de la nariz. Quien haya intentado alguna vez cortarse el pelo con ayuda de un espejo, sabe que el cerebro tarda mucho en acostumbrarse a invertir los gestos teniendo en cuenta el cambio derecha-izquierda y viceversa.

Variante 2

Dos niños se plantan el uno frente al otro y representan la pantomima del que está mirándose en el espejo, es decir que uno de ellos debe emular exactamente todos los gestos del otro.

Variante 3

Los que ya van a la escuela presentarán letreros ante el espejo y crearán así una escritura secreta que únicamente podrán leer los iniciados.

El gabinete de los espejos

A menudo nos tropezamos con superficies reflectantes que por hallarse deformadas en algún sentido, distorsionan las imágenes. ¿Cuál de los niños nos señalará un ejemplo?

Edad: a partir de 4 años
Tipo: actividad-experimento
Lugar: entorno corriente
Material: objetos cotidianos de superficie reflectante (enseres de cocina, cucharón, cuchara, cuchillo, botella, papel de aluminio, retrovisor, espejo de afeitar, etc.)

Los pequeños emprenderán una expedición por su vivienda o entorno acostumbrado en busca de objetos reflectantes: ventanales, grandes escaparates, charcos y estanques. Cuando el agua se agita la imagen se ve distorsionada y multiplicada mil veces. La cocina es un territorio muy productivo en ese aspecto: bandejas metálicas y enseres de acero inoxidable, el cucharón de la sopa, las cucharas, los cuchillos, las botellas y hasta el papel de aluminio producen los reflejos más curiosos. Los embellecedores de las ruedas, los retrovisores, los faros de las bicicletas, el espejo de afeitar de papá, también son interesantes, sobre todo cuando la superficie no es plana, sino cóncava, convexa o deforme. Las imágenes de pequeños monstruos invitan a hacer muecas y visajes.

Exposición: Reunir los hallazgos más interesantes para constituir una especie de gabinete de los espejos, por el que pasearemos viendo los resultados. Muchos habrán visto galerías parecidas en ferias y parques de atracciones, pero naturalmente las que inventa uno mismo tienen más interés.

Dados enrevesados

Cuando se multiplica un tema hasta el infinito entre dos espejos paralelos, las imágenes muestran, alternativamente, el anverso y el reverso. ¿Cómo es posible?

Edad: a partir de 6 años
Tipo: experimento
Lugar: mesa
Material: 2 espejos cuadrados de bolsillo, un dado

Enfrentar los dos espejos sobre el tablero de la mesa, distantes el uno del otro unos 15 cm. Colocar el dado en medio. Al mirar la superficie del espejo lejano por encima del borde del espejo próximo, aparecerá una serie infinita de dados. Pero no son todos iguales. En las imágenes vemos alternarse las caras opuestas del mismo dado.

El ángulo mágico

Hay también imágenes reflejadas que presentan lateralidad correcta. Todo depende de la disposición que se adopte.

Edad: a partir de 6 años
Tipo: experimento
Lugar: mesa
Material: 2 espejos cuadrados de bolsillo, tiras adhesivas, libros; eventualmente una revista, reloj de pulsera, 1 espejo

Los dos espejos se disponen formando ángulo recto el uno respecto al otro: puestos verticalmente sobre la mesa, quedan unidos por uno de los cantos verticales formando como una esquina. Según peso, tamaños, etc., los fijaremos con un par de tiras adhesivas o los apoyaremos en unos libros gruesos. El canto vertical de unión es el eje de la visual, es decir que mirando hacia él de manera que divida la nariz por la mitad, uno se ve como si tuviese enfrente a su doble. Lo cual produce una sensación inquietante, por cuanto estamos acostumbrados a vernos con lateralidad cambiada.

Variante 1

Colocar objetos de formas curiosas dentro del ángulo formado por los dos espejos.

Variante 2

Exponer una página impresa de libro. El texto puede leerse en los espejos.

Variante 3

Exponer un reloj de pulsera. Las manecillas indican la hora normalmente.

Variante 4

Para comparación repetir todos los experimentos delante de un espejo simple, lo que resaltará la diferencia.

Tina ve su reflejo habitual: lateralidad cambiada

Tina se ve con lateralidad correcta y el rótulo aparece legible

Imágenes simétricas

Un espejo puede hacer que parezcan enteros los objetos demediados... pero sólo en apariencia.

Edad: a partir de 4 años
Tipo: experimento
Lugar: mesa grande
Material: un espejo rectangular de bolsillo para cada niño, papel de dibujo DIN A4, lápices de colores

Doblamos el papel longitudinalmente por la mitad, y sobre el eje definido por el pliegue dibujamos sólo la mitad de un objeto simétrico: media cabeza, media casa, media mariposa. Al aplicar el espejo verticalmente sobre el pliegue, la superficie reflectante mirando al dibujo, veremos una cabeza, una casa, una mariposa enteras.

Criptografía

Enviamos mensajes secretos, escritos con la letra al revés. Es decir, tal como se ve el texto normal reflejado en el espejo. Por tanto, se necesitará un espejo para descifrarla.

Edad: a partir de 6 años (hay una variante para niños mayores)
Tipo: experimento
Lugar: mesa
Material: un espejo de bolsillo para cada niño, libro ilustrado, papel para escribir, lápices

Los niños experimentan con sus espejos. Al presentar al espejo un libro ilustrado, se ve que las letras aparecen muy diferentes, casi irreconocibles. Que intenten reproducirlas sobre el papel.

Variante para niños mayores

A los niños que ya estén bien familiarizados con la escritura, la actividad anterior les servirá de preliminar para intentar una criptografía. Escribirán un mensaje secreto, o una noticia breve. Después de intercambiarlos cada uno tratará de leer los que haya recibido. Con la práctica resultará cada vez más fácil. El texto va de derecha a izquierda y se descifra con ayuda de un espejo.

Archivo secreto: Reunidos varios de estos mensajes, que cada niño los guarde en una carpeta. La conservará en lugar oculto y será su archivo secreto.

Dibujar con el espejo

Los viejos anecdotarios cuentan cómo los escolares irritaban al maestro proyectando sobre la pizarra, con ayuda de un espejo, el sol que entraba por los ventanales de la clase. Recogemos esa idea y la perfeccionamos para crear un dibujo de luz. No es necesario manejar un láser; con un espejito basta.

Edad: a partir de 5 años
Participantes: 6 niños o más
Lugar: cualquier habitación soleada
Material: espejo de bolsillo

El pequeño artista, o la artista, recoge el reflejo del sol y dibuja con el espejo una forma sencilla sobre la pared o el techo. No vale detenerse; es como dibujar una figura de un solo trazo y sin levantar el lápiz del papel. Los demás tratarán de adivinar lo que se ha propuesto el dibujante. ¿Sería una manzana, o un pato? ¿Un pájaro, o un pez? El éxito depende de la seguridad y la rapidez del rasgo.

Buen ejercicio de memoria, dada la máxima atención que todos los participantes aplican a la trayectoria del punto de luz.

Caleidoscopio

Antiquísimo juguete infantil que no ha perdido en absoluto su fascinación.

Edad: a partir de 3 años
Tipo: construcción
Lugar: mesa grande de bricolaje
Material:

- 3 espejos alargados de unos 3 × 10 cm (encargaremos en la cristalería la cantidad necesaria)
- 3 tiras de cartón fuerte (2 a 3 mm de grueso, medidas aprox. 3,4 × 10 cm o más, dependiendo de las medidas de los espejos)
- tapa triangular de cartón (3,4 cm de lado, provista de solapas para pegar y con un orificio en el centro
- triángulo de plástico transparente (o trozo de una bolsa de lo mismo)
- trozo triangular de papel translúcido (papel vegetal, con 3,4 cm de lado y solapas)
- cinta adhesiva, barra adhesiva, taladro
- trocitos de vidrios de distintos colores, recortes de papel transparente de colores
- eventualmente, papel opaco para forrar y 2 tapas redondas (en vez de triangulares)

Preparación: la persona adulta confecciona los caleidoscopios para los niños de corta edad

El caleidoscopio consiste en un tubo de cartón que contiene unos espejos y partículas de diversos colores. Al agitar el tubo, el contenido adopta disposiciones diferentes y se observan las simetrías más insospechadas. Aquí proponemos una versión simplificada que se construye fácilmente.

Pegar los espejos sobre sendas tiras de cartón, dejando un pequeño reborde de cartón en cada uno de los dos lados longitudinales.

Con los espejos vueltos hacia dentro, construir con las tres tiras de cartón un tubo triangular. Unir las aristas exteriores con cinta adhesiva opaca.

La abertura superior se cierra con la tapa de cartón que tiene el orificio central.

Pegar el plástico transparente sobre los bordes de las solapas de la tapa inferior de papel translúcido, formando una cámara en la que se habrán introducido algunos pedazos de vidrio de colores y recortes de celofán de colores, no demasiados, para que puedan rodar y moverse libremente.

La tapa doble se introducirá en el tubo con la superficie transparente mirando hacia el interior y se fijará con pegamento.

Para mirar por el orificio se orientará la tapa inferior hacia una luz.

Variante

Si se introduce el tubo triangular de cartón en un tubo redondo tendremos un caleidoscopio del todo parecido a las versiones comerciales. En este caso la tapa superior y la inferior se recortan en forma circular, de tamaño adaptado al diámetro interior del tubo. Entonces la fase de entrar y pegar tapas será la última y tendremos un tubo cilíndrico cerrado.

La infinita variedad de las figuras que se observan suele fascinar a los niños.

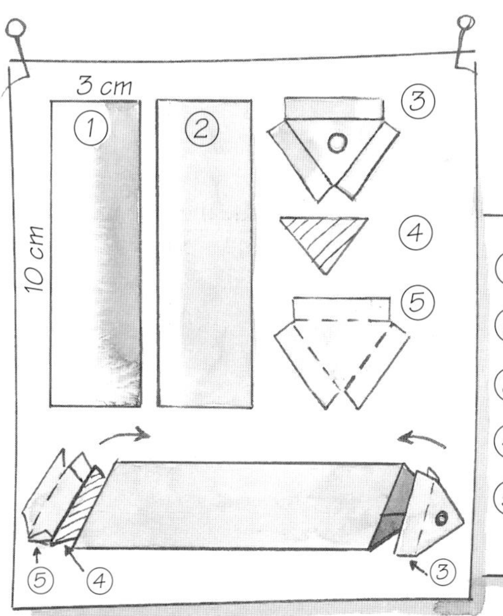

① 4 espejos de 3 x 10 cm
② 3 tiras de cartón de 3,4 x 10 cm
③ Tapa de cartón con orificio
④ Lámina transparente
⑤ Tapa translúcida

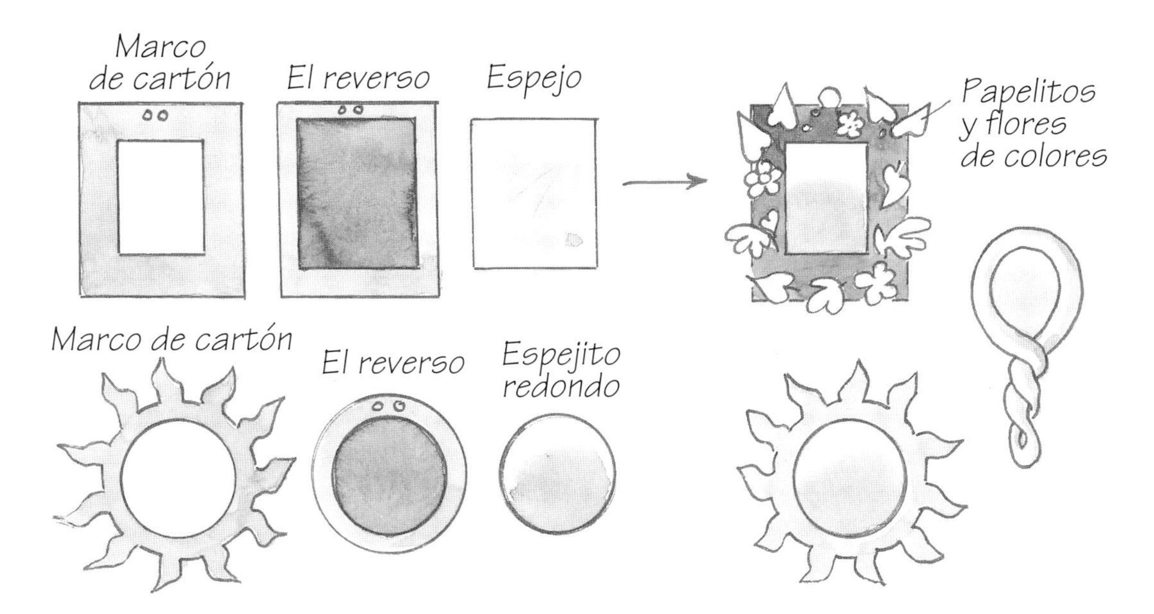

Espejito espejito: de fantasía

Son muy decorativos los espejos enmarcados de una manera original.

Edad: a partir de 4 años
Tipo: construcción
Lugar: mesa grande de bricolaje
Material: cartón (del mismo grueso que el vidrio del espejo), cartón ondulado, pegamento y cinta adhesiva, pequeños objetos decorativos y encontrados (caracoles, hojas, figuras, conchas, botones, etc.), corchetes de alambre, sacabocados o punzón, espejito de mano o de bolsillo (redondo o rectangular); eventualmente tintes para vidrio o Window Color; eventualmente plastilina o arcilla
Preparación: si contamos con muchos participantes, encargar en la cristalería el número necesario de espejitos redondos

A veces sobran espejos en las casas. Rápidamente podemos embellecerlos para adorno de alguna pared, poniéndolos en un marco original. Dibujamos en el cartón el marco adaptado exactamente a las medidas del espejo, y lo recortamos con cuidado.

A continuación hay que medir un segundo marco cuya ventana será de dimensiones inferiores en unos 2 cm a las del espejo, sobre el cual irá pegado, y que será el frontis o parte vista de la pieza.

Introducir el espejo en la ventana por detrás, y fijarlo con pegamento. Cuando esté bien seco, lo aseguraremos adicionalmente cubriendo las juntas con cinta adhesiva por detrás.

Luego pegaremos el frontis sobre el marco que tiene el espejo y lo decoraremos con recortes de cartón ondulado, flores de papel, plumas, conchas, botones, hojas y demás elementos decorativos que se nos ocurran.

Medir de nuevo el canto superior para agujerear en el centro, y pasar el corchete de alambre, que ha de servir para colgar el cuadro (procurar que los agujeros queden disimulados por la ornamentación).

Finalmente, podemos pintar el frontis con los colores que gustemos. Así daremos al espejo figura de sol, luna, estrella o lago encantado rodeado de hojas verdes de las plantas acuáticas.

Variante

Similar al anterior, pero moldeando el marco anterior en plastilina o arcilla. Si se dispone de posibilidad para cocer la arcilla, también puede formarse un espejo de mano con mango. Téngase en cuenta que el material encoge un poco al secarse.

⚠ Recordemos que los espejos deben manejarse con cuidado, y no dejaremos que los niños trabajen sin vigilancia.

Esfera de discoteca

Destellos y reflejos, decorados festivos, alegría... son cosas que van juntas. Con pequeños fragmentos de material reflectante se monta un objeto llamativo para decorar el local o la propia habitación.

Edad: a partir de 5 años
Tipo: montaje
Lugar: mesa de bricolaje, habitación a oscuras
Material: pasta para cartón piedra («papier-mâché») de recortes de periódicos y cola para empapelar; espejos viejos y abalorios de cristal, lentejuelas, piezas pequeñas de material reflectante (como tornillos y tuercas, bolas de metal), papel de aluminio, cartón, papel de periódico, alambre o hilo de algodón; eventualmente bolas de porex; alfileres
Preparación: cubrir la mesa con papeles de periódico

Para elaborar el cartón piedra rasgamos papel de periódico a tiras pequeñas, o rompemos estuches de huevos, hasta llenar una palangana o un cubo pequeño. Por lo general los niños colaboran de buena gana en esta etapa de la preparación.

Los recortes se dejan toda una noche en remojo y se escurren al día siguiente procurando eliminar el agua.

Mezclar con engrudo de empapelar o cola de almidón, y remover hasta obtener una papilla muy espesa, que dejaremos en reposo durante un par de horas antes de pasar a utilizarla.

A continuación fabricamos una pelota de papel de periódico, dejándola bien apretada y envolviéndola con varias vueltas de alambre o de hilo, de lo cual dejamos por fuera un bucle que servirá para colgar la esfera una vez terminada.

Recubrir la pelota con una capa no demasiado gruesa de pasta de cartón piedra, donde clavaremos gran número de objetos brillantes (véase lista de material). Los niños no manipularán ningún pedazo de vidrio, de espejos, etc., que presente bordes cortantes y puntas peligrosas.

Ponemos la esfera a secar y luego la colgamos del techo no lejos de alguna lámpara, para que reciba la luz de ésta y despida destellos.

Variante

Es más sencillo recubrir una bola de porex o un farolillo esférico de tela, sujetándole tiras de papel de aluminio, de celofán, etc., por medio de alfileres.

Espantapájaros de jardín

Los reflejos llaman la atención y atraen, por lo general, pero en algunos casos, por el contrario, asustan y alejan. Es lo que les ocurre a las aves atrevidas que vienen a picar las frutas de nuestro huerto. Todavía vemos en muchos jardines esas bolas revestidas de trozos de espejo, hoy decorativas pero en otro tiempo ideadas para ahuyentar a los pájaros.

Edad: a partir de 3 años
Tipo: montaje-actividad
Lugar: jardín, huerto o césped
Material: unas varas de madera o cañas de bambú, botellas transparentes de formas llamativas, cacharros viejos, botes viejos de metal, tiras de papel de aluminio, retales de lana de distintos colores, alambres; eventualmente tinte para vidrios y colores a la cera
Preparación: coleccionar objetos brillantes que sobren en casa

Colocaremos las varas o cañas entre los arriates del jardín cuidando que no estorben el paso. Los recipientes de vidrio los volvemos boca abajo y pintamos en ellos caras horribles y máscaras aborígenes, antes de colgarlos en los extremos de las cañas. Tendemos hilos para colgar trapos de distintos colores, tiras de papel de aluminio y pequeños objetos metálicos que entrechoquen y tintineen cuando los agite el viento.

Aunque a lo mejor los visitantes alados no tendrán mucho miedo de nuestro espantapájaros, al menos resultará una creación divertida. Nos alejaremos un trecho con los niños y nos quedaremos mirando a ver cómo reaccionan las aves y cuánto tardan en acostumbrarse al espectáculo y volver a comerse nuestras frutas y semillas.

La noche: nada que temer

Las actividades furtivas, las conspiraciones siniestras, las traiciones: todo eso se desarrolla al amparo de la oscuridad nocturna, creen los ingenuos. Noche igual a escondrijo y secreto. Lo negro y lo oscuro son sinónimos populares del mal: «negras intenciones», «oscuros designios», etc. En otros tiempos se solía meter miedo a los niños amenazándolos con el coco y otras criatura de la noche. Porque realmente la oscuridad era peligrosa y los pequeños estaban mejor guardados en casa. Pero al mismo tiempo, la noche es el momento del descanso, del recogimiento, de la reflexión, de recuperar fuerzas para la jornada siguiente.

Tratándose de niños contemporáneos, es importante que aprendan a distinguir entre los temores útiles que los protegen, y los ficticios que no sirven para nada. Que aprendan a orientarse en la oscuridad sin temerla, y que conozcan la noche como el tiempo de la fantasía y la emoción.

El ciclo diario de un niño en nuestras latitudes, con la duración aproximadamente igual de los días y las noches, es muy diferente del que se da en otras regiones del mundo. Aunque entre nosotros también existen las variaciones estacionales, no son nada comparadas con lo que ocurre en las regiones nórdicas. A principios del verano, allí los humanos pasan casi toda la noche en vela, porque cerca del círculo polar el sol apenas se oculta un par de horas. Son las que llaman «noches blancas». Durante el invierno, en cambio, el día dura muy pocas horas y se vive casi continuamente bajo la luz artificial.

En las regiones ecuatoriales, día y noche duran casi lo mismo todo el año y sólo existen dos estaciones, la seca y la de las lluvias. En los desiertos tienen día y noche, pero desaparece casi la transición de los crepúsculos: allí donde el horizonte es prácticamente liso, el sol desaparece en pocos minutos y se pasa de la luz a la oscuridad con mucha rapidez.

Pero incluso entre nosotros, hay muchas personas que viven el día y la noche de manera muy diferente. Son los trabajadores que atienden a los servicios necesarios incluso de noche, los vigilantes, el personal de los hospitales, los conductores de los transportes públicos. Y también hay animales que duermen de día y desarrollan su actividad durante la noche. Los primeros que se les ocurrirán a los niños serán los murciélagos, los erizos, los gatos y las lechuzas, pero están asimismo los insectos que revolotean alrededor de las farolas.

⚠ En lo que sigue se proponen actividades a oscuras. Las habitaciones deben despejarse de cualquier obstáculo susceptible de originar accidentes: antes de comenzar el juego hay que apartar los muebles, cubrir con colchas los cantos peligrosos y retirar cualquier objeto tirado en el suelo. Si los niños son de muy corta edad no los dejaremos a oscuras del todo; una semioscuridad será suficiente para la intención de la mayoría de estas actividades.

Hablemos de la noche

La luz y la oscuridad evocan en cada uno de nosotros determinados sentimientos y sensaciones. Casi todos los niños se sienten un poco sobrecogidos cuando se les pide que anden a oscuras. Los temores desaparecen cuando nos movemos en un entorno familiar y conocido.

Edad: a partir de 3 años
Tipo: actividad-construcción
Lugar: cuarto de juegos cómodo, rincón de reposo con almohadones, mesa grande

Material: fotografías de escenas o paisajes nocturnos, o escenas nocturnas de libros ilustrados; papel opaco negro, colores a la cera o lápices blandos, acuarelas, pintura blanca

Tertulia: Los niños se sientan en corro, contemplan las imágenes y hablan de la noche. Dejemos que traten de expresar y comentar representaciones y temores más o menos concretos.

En su mayoría versarán acerca de las supuestas criaturas pobladoras de la noche: trasgos, fantasmas, espíritus, ogros, el coco, el hombre del saco y sus variantes folclóricas locales. Muchas familias incluso tienen sus espantajos privados.

- Tobías cree que el sótano de su casa es la habitación de una rata gigante.
- A veces un galán de noche puesto en la habitación de los padres y visto en la penumbra parece un ser monstruoso.

El grupo comenta dónde deben estar los niños cuando se hace de noche y dónde no. Algunos contarán de manera espontánea sus experiencias relacionadas con la oscuridad.

- Si los mayores escuchan emisiones de argumento policíaco por la noche, a luces apagadas.
- ¿Alguno de los presentes se ha acostado alguna vez después de la medianoche?
- ¿En qué son diferentes los ruidos de la casa durante la noche?

Algunos tal vez contarán una aventura extraordinaria vivida a oscuras, como una salida nocturna para observar animales de costumbres nocturnas, o una procesión con cirios encendidos y linternas.

- Durante las vacaciones, Tonia se ha bañado una vez en el mar de noche, con sus padres.
- Mirko y su tía visitaron el Jardín Botánico para admirar a la reina de la noche, la *Cereus grandiflorus*, una planta exótica que sólo florece una noche al año.
- Cristina estuvo una vez en el aeropuerto y vio aterrizar y despegar varios vuelos nocturnos.
- Al anochecer, Emilio y su hermano mayor se dejan caer por un cruce donde suele apostarse un coche patrulla que dispara destellos para retratar a los conductores que pasan con exceso de velocidad.

Actividad: Los temas sugeridos pueden convertirse en imágenes, con la particularidad de que al dibujar sobre papel negro no hace falta rellenar las partes oscuras. Se utilizarán lápices, ceras de colores claros, o acuarelas con abundante blanco para los fondos que se supone iluminados por la luz de la luna. Asombra comprobar lo mucho que se puede ver pese a la oscuridad.

Juegos a oscuras

Siempre es útil, incluso para la vida cotidiana, el aprender a moverse en la oscuridad. Hay algunos trucos que se aprenden fácilmente y ayudan a superar la inseguridad inicial.

Edad: a partir de 3 años (hay una variante para niños mayores)
Tipo: actividad
Lugar: habitación a oscuras

El que se mueve a oscuras en el exterior o en una habitación sin luz aprende a servirse de los brazos como parachoques. Levanta el brazo izquierdo a la altura del pecho, doblando un poco el codo, la mano izquierda sobre el antebrazo derecho y la mano derecha explorando lo que hay delante, a modo de trompa o de antena. De esta manera se detectan los obstáculos a tiempo. Se avanza a pasos pequeños. Los niños cruzarán la habitación como si fuesen elefantitos sorprendidos por la oscuridad lejos de su manada. Colocaremos algunas sillas; hasta que todos hayan aprendido a moverse con más confianza deberán recordar la presencia de esos obstáculos.

Variante para niños mayores

Supongamos que uno es un pequeño fantasma y olvidó tomar su píldora de visión nocturna, por lo que ahora se ve obligado a moverse por su castillo a ciegas.

Truco: Es útil cerrar los ojos momentos antes de que se apaguen efectivamente las luces. Cuando los abran se habrán acomodado ya a la oscuridad.

Pantomima nocturna

Muchas personas trabajan de noche, mientras nosotros dormimos. ¿Alguien sabría mencionar ejemplos? Adaptamos el clásico juego de adivinar oficios al caso de las actividades nocturnas. Asombra darse cuenta del gran número de profesionales que se mueven de noche.

Edad: a partir de 4 años
Tipo: juego
Participantes: 8 niños o más
Lugar: habitación grande con almohadones en el suelo

Los niños se sientan en el suelo formando corro y piensan oficios nocturnos, sin declararlos de momento. Después de las enfermeras de noche, los vigilantes y los trabajadores de fábrica en turno de noche se les empezarán a ocurrir otras proposiciones más extravagantes, como los ladrones y demás seres furtivos. Puede admitirse que introduzcan una nota de imaginación y humor.

Juego: En el juego en sí, uno de los niños ocupa el centro del corro y trata de sugerir mediante su mímica, exclusivamente (no se le permite hablar), la actividad que tiene en mente, y que los demás deben adivinar. El que lo acierte pasará a su vez al centro.

Variante con animales

La pantomima se refiere a especies de costumbres nocturnas; en su caso, el actor puede emitir los sonidos típicos de esos animales.

¿Dónde está el ratoncito?

Otro divertido juego de imitación, que llena de animación el vacío de la noche y disipa temores. Al mismo tiempo los niños aprenden a guiarse por el oído.

Edad: a partir de 3 años
Tipo: juego
Participantes: 8 niños o más
Lugar: habitación a oscuras
Material: octavillas y lápices
Preparación: hacer lo necesario para dejar la habitación en penumbra

Se prepara un sorteo dibujando en las octavillas pequeños croquis de animales que tienen actividad nocturna, por ejemplo ratones, erizos, lobos, búhos, gatos, a saber: dos de cada especie, uno grande (padre) y otro pequeño (cachorro). A los padres los marcaremos con un anillo. Se reparten las octavillas.

Juego: Los padres han de encontrar a sus hijos de la especie correspondiente, sin que nadie revele qué papel le ha tocado en suerte. Los pequeños se repartirán por la habitación en la penumbra, sin decir nada. La ratona busca a su ratoncito chillando a la manera de los ratones, y cuando toque a uno de los pequeños éste contestará emitiendo la voz de la especie que le haya correspondido. La búsqueda continuará hasta que ella encuentre a su pequeño ratón. Seguidamente saldrá el erizo olfateando en busca de su cría, y así continúa el juego hasta que se hayan encontrado todas las parejas.

Variante

Si el grupo es numeroso, a la primera voz todos los cachorros emiten simultáneamente la llamada correspondiente y los padres (o madres) salen a buscarlos.

Criaturas de la sombra

Además de las especies de vida nocturna existen otros animales que durante el día buscan la sombra o los lugares oscuros, ocultándose en las grietas de las rocas o en cavernas, bajo la hojarasca o en la espesura del bosque. Evitan la luz del sol y así nos ofrecen un buen juego de movimiento, idóneo para las tardes oscuras de invierno.

Para no ser descubiertos por sus depredadores, algunos animales como las arañas, los ratones y los venados llevan una vida crepuscular. Otros necesitan mantener la piel húmeda, como las ranas y las salamandras, y no pueden exponerse al sol. Cada niño elegirá una de estas especies y se prenderá mediante imperdible un papel con los atributos de la misma, o se pondrá un disfraz sencillo.

Juego: Se apaga la luz y los niños andan por la habitación emulando los ruidos y los movimientos típicos de las especies que representan. Otro niño, o una persona adulta, explica que estamos en un día nublado, son las once y muchos bichos han salido a pulular por el campo... ¡De pronto, las nubes se despejan y sale el sol!

Alguien enciende la luz y al instante esas tímidas criaturas salen huyendo en busca del refugio más cercano: debajo de la mesa, de las sillas, detrás de las cortinas. Que no les toque la luz para nada.

Se apaga otra vez la luz. Para dar más variedad al juego se introducirán acontecimientos imprevistos, e indicados por el súbito retorno de la luz: una tormenta con sus relámpagos, un todoterreno que circula por la pista forestal con los faros encendidos...

Variante

Los niños son enanitos o gnomos del bosque y aprovechan la oscuridad para salir a bailar en corro y cometer sus travesuras. Pero temen la luz y se refugian rápidamente en su cueva tan pronto como la ven.

Charada nocturna

Un juego de adivinanzas para tranquilizar y sosegar durante las excursiones nocturnas y demás actividades en ausencia de luz.

Edad: a partir de 4 años
Tipo: juego
Participantes: 4 niños o más
Lugar: habitación o jardín a oscuras
Material: linterna de bolsillo

Uno de los niños se planta enfrente de los demás y dibuja una figura en el aire, de un solo trazo. Los demás deben adivinar qué es lo que ha tratado de representar.

Fuegos fatuos

Reacción rápida, capacidad de orientación en la oscuridad y luz forman la combinación que interviene en este juego sencillo y espontáneo, ya que no requiere muchos preparativos.

Edad: a partir de 4 años
Tipo: juego
Participantes: 8 niños o más
Lugar: habitación con almohadones en el suelo, o jardín a oscuras
Material: linterna de bolsillo

De pie o sentados en corro los niños se pasan por la espalda una linterna que encenderán intermitentemente con la mayor celeridad posible. Como en todos los juegos de corro, el que ocupa el centro debe tratar de salir. Supondremos que es un excursionista extraviado o un hada perdida. Ha de reaccionar con rapidez tocando al que tiene la linterna, y si acierta se permutan los roles.

Castillo de los fantasmas

Entre las criaturas de la noche figuran por derecho propio los fantasmas y sus tropelías. ¿Quién se sabe el cuento más espeluznante?

Edad: a partir de 4 años (hay una variante para niños mayores)

Lugar: mesa grande de bricolaje

Material: cartulina o papel opaco negro (en hojas de unos 20 × 48 cm), papel transparente o papel vegetal (unos 17 × 46 cm), cajas redondas de cartón como las del queso en porciones (Ø 14 cm), tijeras para papel y cúter con tabla de cortar, aguja de hacer calceta, barra de adhesivo, cinta adhesiva de crepé, taladro, lámparas de té

Tomar medidas con el papel opaco y las cajas redondas de cartón, y marcar a lápiz los puntos de pegado, para que una vez recortadas las figuras se mantengan de pie.

El borde superior del papel o cartulina lo recortaremos en forma de almenas de castillo.

En el dorso esbozaremos contornos de los fantasmas y los recortaremos, o los sacaremos de puntos con la aguja. Que los niños escojan siluetas sencillas, y no importa si se les va la mano al cortar, ya que trabajamos por el reverso y podremos corregir los errores con la cinta adhesiva.

Repasar con la barra de adhesivo los contornos de todas las figuras recortadas en el reverso. No hay que escatimar el pegamento. A continuación recubriremos las siluetas con celofán.

Con la taladradora de oficina practicamos un gran número de perforaciones en un retal de papel negro. De este modo se obtiene un «confetti» negro, que pegado en las ventanas por delante simulará los ojos de los fantasmas y las sombras de los copos de nieve.

Enrollar el papel en forma de cilindro alrededor de las tapaderas redondas de cartón (de las cajas de quesitos) y pegarlo.

Dentro de cada cilindro colocaremos una vela de té.

Una vez terminados estos farolillos, los alineamos en el alféizar de la ventana y encendemos las velas.

Variante para niños mayores

Los que ya tengan más habilidad en recortar pueden proyectar ventanas góticas con cruces y demás detalles de película de terror medieval.

⚠ Las velas cuando estén encendidas nunca deben quedar sin vigilancia.

Código secreto de señales de luz

La luz permite transmitir mensajes. Mediante códigos normalizados capaces de superar grandes distancias se comunican informaciones abstractas. Son las señales de humo, las fogatas y los espejos, el telégrafo Morse, las banderas y los semáforos de la navegación marítima, hasta llegar a los medios modernos como la radio. Los niños aprovecharán una salida de fin de semana o de campamentos para inventar un sistema propio de señales luminosas. Muy pronto lo manejarán con mucha soltura, mientras que las personas no iniciadas no entenderán absolutamente nada.

Edad: a partir de 6 años
Tipo: actividad
Participantes: 3 niños o más
Material: linternas de bolsillo

Los niños debatirán sobre las distintas señales que se pueden generar con una linterna: destello largo, destello corto, linterna apagada. El repertorio se amplía con movimientos de oscilación, círculos, rectas horizontales y verticales, y otras figuras. El grupo de jugadores asignará un significado a cada señal:

- un arco vertical: «acercaos todos»;
- dos destellos cortos seguidos: «la merienda está preparada»;
- arriba y abajo: «media vuelta todos, regresamos al campamento».

Se fijará un lapso de tiempo durante el cual nadie hablará y sólo valdrán las señales. Se establecerán mensajes que pongan en marcha actividades concretas, por ejemplo durante una excursión larga, y tales como:

- «todos juntos, una vuelta al lago»;
- «recoged las cosas y regresamos a casa, que va siendo hora de cenar».

Regata a la luz de las velas

El dominio de los diversos materiales y técnicas invita a un montaje más atrevido. Una vez terminadas las embarcaciones, transportaremos toda la flota hasta la balsa o el estanque más próximo. Bonita actividad para culminación y despedida de una fiesta veraniega.

Edad: a partir de 4 años
Tipo: montaje-actividad
Lugar: mesa de bricolaje a la orilla del agua
Material: trozos planos de madera (del orden de 6 × 10 cm hasta 20 × 35 cm), o bandejas antiguas del desayuno que vayan a desecharse, velas de té, cirios y vasos pequeños, cordel y alambre; eventualmente, cartón, papel y retales de tela, lápices de colores, pegamento, sierra, lima, martillo y clavos; eventualmente taladro manual y varillas delgadas de madera

Ordenaremos el material en cajas que dispondremos sobre la mesa, a modo de taller de trabajo. A continuación ponemos manos a la obra:

Aserrar un extremo de la madera en forma de proa de barco. En caso necesario, redondear cantos y puntas. El que quiera, que añada mástil, velas, aparejos, tambucho, gallardetes, grímpolas y toldilla, todo ello de cartulina (pegar o clavar).

Sobre la cubierta pegamos un cirio o una vela de té, mejor dentro de un vaso de vidrio para defensa contra el viento.

A cada una de las embarcaciones le atamos un hilo largo, para recuperarlas después de la singladura. Si no tenemos a mano ningún lago ni estanque, sirve cualquier balsa o alberca de jardín.

Variante

Si se ha concebido esta regata como evento único, sin intención de recuperar los barcos, deben construirse con criterio ecológico, a base de materiales degradables como la madera y el cartón, sin utilizar piezas de vidrio o metal.

Con la flotilla engalanada se alejan nuestros pensamientos: ¿Adónde llegarán? ¿Los verá alguien y querrá pescarlos?

Orientarse sin ver

En los capítulos anteriores nos hemos divertido con actividades que giraban alrededor de la luz, el color, las sombras y la oscuridad. Hemos visto la gran importancia de estos estímulos y cómo ellos determinan la idea que nos formamos acerca de las cosas, así como nuestra orientación en el entorno en que nos movemos. Algunas personas y algunos animales, sin embargo, carecen de esa facultad. Al principio los niños apenas conseguirán entender cómo es posible eso. Los juegos y los experimentos nos servirán para dilucidar también ese aspecto del tema.

Quizá conozcamos a algún invidente y tengamos algo que comentar, o alguien del grupo tiene relación con un niño o adulto invidente que esté dispuesto a hablarnos de su experiencia cotidiana.

Mediante las actividades que proponemos en lo que sigue, los pequeños captarán la noción de que la vista no es más que uno entre los distintos medios de que disponemos para percibir el mundo que nos rodea. Se observará cómo al tener que prescindir de este sentido, los demás se agudizan y se desarrollan con la práctica. En último término todos los sentidos se complementan y contribuyen a formar una imagen compleja de la realidad.

Antes de comenzar los juegos, los niños más pequeños aprenderán a moverse con los ojos vendados. La dificultad es parecida a la de los juegos de movimiento en la oscuridad (véase la página 91); aquí también se trata de apartar obstáculos y objetos con los que se pueda tropezar.

En los juegos mencionados, todos los participantes quedaban en igualdad de condiciones; aquí se trata de la interacción entre los que pueden ver y los que no, y ésa es la diferencia.

Carrera de la amistad

Cuando se depende de una persona, hay que acostumbrarse a confiar e ella. En este juego los niños viven la situación de necesitar la ayuda de otro.

Edad: a partir de 3 años
Tipo: experimento-juego
Participantes: cualquier número par
Material: pañuelos para vendar los ojos

Los pequeños forman parejas, mejor si los emparejados se conocen y están acostumbrados a andar juntos. En los grupos ya consolidados es preferible la asignación al azar, o incluso juntar adrede a un par de «gallitos» que anden un poco enfrentados.

Juego: Cada pareja consta de un ciego (ojos cerrados o vendados) y un lazarillo, a cuya ayuda debe confiarse el primero. El que ve tiene la responsabilidad de conducir al otro por la habitación o por el jardín, y hacerlo con seguridad tal que su pupilo pierda el miedo. Después de algunos titubeos iniciales la cosa funciona. En una segunda ronda permutamos los roles.

Tertulia: Seguidamente los pequeños contarán y debatirán sus sensaciones durante el experimento.

- Cuando actuaron como ciegos, ¿llegaron a moverse con desenvoltura, o se sintieron siempre más bien tensos y agarrotados?
- ¿Hubo muchos titubeos y muchos tropiezos con los obstáculos?
- ¿Recuerdan si oyeron, olfatearon o palparon alguna cosa que no les había llamado la atención antes?
- Los guías explicarán también sus sensaciones.
- ¿A qué detalles prestaron mayor atención?

Variante

Organizar un pequeño recorrido con obstáculos como mesas y sillas.

Culebra ciega

Guiar y ser guiado es una interacción que puede generalizarse, por ejemplo en forma de movimiento coordinado de todo el grupo, con tal de que no sea demasiado numeroso. Cuantos más participantes, sin embargo, más caótico y divertido resultará el intento. Se puede jugar al aire libre.

Edad: a partir de 3 años
Tipo: juego
Participantes: 4 niños o más
Lugar: sala grande, o exterior
Material: pañuelos para vendar los ojos

La culebra la forman de cuatro a diez niños, cada uno con las manos apoyadas sobre los hombros del que le precede. Todos llevan los ojos vendados, excepto la cabeza, es decir el primero. Él guiará a toda la serpiente, siempre con precaución pero unas veces más deprisa y otras más despacio, de frente o en zigzag. Se observará cómo la función de guía también requiere un cierto aprendizaje. Con la práctica los movimientos de la serpiente irán cobrando soltura y seguridad.

Variante 1

Montar un recorrido con obstáculos como mesas, sillas y demás por el estilo.

Variante 2

La carrera de obstáculos puede «revestirse» o presentarse acompañada de un relato fantástico (serpiente que va por el suelo del bosque, o culebra de agua que persigue veloz a los peces).

Variante 3

Para fiestas y olimpíadas infantiles: competición entre dos o más serpientes, siguiendo un recorrido preparado y debiendo llegar a la meta sin perder ningún participante.

Ciempiés de paseo

Una carrera muy agitada, en la que se enfrentan varios equipos «a ciegas». La idea, como en los dos juegos anteriores, consiste en aprender a guiar y dejarse guiar.

Edad: a partir de 6 años
Tipo: juego
Participantes: 6 niños o más
Lugar: sala grande, o exterior
Material: pañuelos para vendar los ojos; cordel o tiza, almohadones, cajas de cartón, pelotas, retales de tela, trapos húmedos, alfombra o trozo de moqueta que haga cosquillas

Entre todos diseñarán el recorrido de obstáculos para la carrera, que se acordonará o marcará con tiza en el suelo cruzando en todos los sentidos la habitación o el jardín. Se incorporarán algunos obstáculos añadidos: para ello esparciremos por el suelo almohadones, cajas de cartón, balones playeros, trapos, moquetas, etc.

Juego: En grupos de a tres o cuatro niños que forman sendos ciempiés, las manos apoyadas en los hombros del que va delante. Cada equipo cuenta con un piloto, pero éste debe permanecer en la meta y guiar a los suyos con la voz, sin abandonar su puesto. Ellos deben evitar o saltar los obstáculos y no salirse de la delimitación lateral.

Variante

Tratándose de niños crecidos, podemos cronometrar el recorrido como se hace en las competiciones de saltos a caballo. Que suenen las fanfarrias en honor de los vencedores y que éstos celebren su victoria con la danza del ciempiés.

⚠ Los obstáculos deben ser blandos para que en caso de caída no se haga daño nadie.

Cazando el murciélago

Es una inversión de la gallina ciega: todos los «cazadores» van a ciegas y el murciélago es el único que ve.

Edad: a partir de 3 años
Tipo: juego
Participantes: 8 niños o más
Lugar: sala grande, o exterior
Material: vendas para los ojos; eventualmente los atributos del murciélago (alas de tela y máscara de cartón con orejas puntiagudas)

Los niños se sientan en corro. Quizá se pueda aprovechar la ocasión para comentar un poco las costumbres de los murciélagos:

- ¿Qué aspecto tienen?
- ¿Cómo se orientan en la oscuridad?
- ¿Sabía alguien que los murciélagos emiten chillidos en la banda de los ultrasonidos, que sólo ellos oyen?

Juego: Los niños de pie, puestos en corro y con los ojos vendados. En el centro, el murciélago es el único que ve en la noche y revolotea cerca de los demás, tocándolos y (si quiere) emitiendo chillidos. Los jugadores deben tratar de atraparlo a la pregunta de «¿eres tú el murciélago?». Cuando lo consiga uno de ellos, éste pasará a ejercer de murciélago.

Acertar a ciegas

Todos los juegos conocidos adquieren una dimensión nueva cuando se practican sin ver. Las pruebas deportivas de lanzamiento son muchas, pero he aquí una que sirve para desarrollar la coordinación.

Edad: a partir de 5 años
Tipo: juego
Participantes: 3 niños o más
Lugar: sala grande o exterior
Material: diana (tablero grande de madera o aglomerado, o círculo en suelo de arena), tiza, vendas para los ojos, canicas, pelotas pequeñas de goma o trapo, o bien globos o bolsas de plástico rellenas de agua

Ponemos de pie un tablero que sirva de diana, con una cruz o un círculo que marcará el blanco. Confeccionar pelotas de trapo y remojarlas en agua.

Para empezar los más pequeños ensayarán el tiro sin vendarse los ojos. Una distancia de 2 a 3 m entre tirador y diana será suficiente. Con un par de intentos acertarán incluso a ciegas. Este juego confiere mucha seguridad. Los proyectiles mojan el tablero y así quedará constancia del impacto y si ha acertado o no.

Variante 1

La diana es un círculo pintado en el suelo y se lanzan canicas desde unos 2 m de distancia.

Variante 2

Una nota alegre para fiestas de verano: situar la diana en una pared, o en el suelo, y lanzar bolsas de plástico o globos rellenos de agua.

Pintar a ojos cerrados

¿Pintar? ¡Eso es fácil!, pensarán los niños. Pero cómo cambian las cosas cuando no se ve nada. A veces sale una obra muy diferente de la que habíamos imaginado: ¿queréis probar?

Edad: a partir de 3 años (hay una variante para niños mayores)
Tipo: actividad-experimento
Participantes: 3 niños o más
Lugar: mesa grande o patio
Material: vendas para los ojos, papeles grandes, rotuladores gruesos de colores, tiza o colores a la cera

Con los ojos vendados, los pequeños tratarán de pintar de memoria algún objeto que se les designe y que sepan dibujar cuando lo hacen normalmente. Para empezar trazarán el contorno al aire, el brazo tendido: una casa, un sol, un conejito. Luego palparán el papel y tratarán de repetirlo dibujándolo en realidad.

Variante para niños mayores

Intentarán escribir a ciegas, por ejemplo su propio nombre o una palabra que se les indique.

Es divertido para los espectadores y asombroso para los actores cuando les dejamos ver el resultado de sus esfuerzos.

Personajes nocturnos

Un experimento divertido para noches de luna nueva en verano ya que los resultados mejores se consiguen en el patio o sobre la acera. Para la ejecución de la obra deben coordinarse todos los participantes.

Edad: a partir de 4 años
Tipo: actividad
Participantes: 3 niños o más
Lugar: exterior, de noche con poca luz en patio enlosado o acera de calle peatonal
Material: linterna de bolsillo, tizas de colores; eventualmente papeles grandes

Se trata de dibujar un monigote, pero como actividad colectiva. Las tizas circularán y cada uno, a su turno, dibujará una parte de la figura. El primero trazará el cuerpo o tronco a la luz de la linterna, y los demás continuarán a oscuras: la cabeza, los brazos, las manos, las piernas, los pies. A continuación se añadirá el sombrero, las orejas, etc. Por último se vuelve a encender la linterna y se contempla el resultado. Algunos detalles parecerán literalmente fuera de lugar.

Variante

En una habitación a oscuras y sobre trozos grandes de papel (de embalaje, o de empapelar paredes).

Salteadores de bancos

Se trata en este caso de moverse en silencio. Este juego entrena la percepción y es muy aconsejable cuando interesa que el grupo se sosiegue.

Edad: a partir de 4 años
Tipo: juego
Participantes: 8 niños o más
Lugar: corro de sillas
Material: sillas, calderilla (monedas pequeñas), vendas para los ojos

Todos los niños menos uno se sientan formando corro. Una silla colocada en el centro representará el banco, y la ocupa el «director del banco» previamente elegido a suertes. A éste se le vendarán los ojos y debajo de la silla se colocará un pequeño montón de monedas (o dinero en billetes del «Monopoly»).

Los niños elegirán a un asaltante mediante guiños o ademanes silenciosos. Es necesario que se pongan de acuerdo sin hablar. El elegido deberá arrastrarse en silencio y tratará de robar una moneda. El director del banco aguzará el oído, y cuando crea detectar al ladrón apuntará en la dirección por donde viene; si acierta se permutan los roles.

Fiestas de la luz para días claros y oscuros

El ciclo de las estaciones, con los cambios consiguientes en las condiciones de luz, es un fenómeno fundamental y celebrado en todo el mundo. La luz significaba crecimiento, orientación, alimento. En cuanto al frío, los peligros, los fantasmas siniestros de los períodos de oscuridad, convenía ahuyentarlos mediante rituales y conjuros.

El cuerpo luminoso más grande, que es el Sol, mereció honores de divinidad; alrededor de la noche más corta y la más larga del año (21 a 22 de diciembre; 21 a 22 de junio) se han tejido diversas celebraciones, lo cual responde a necesidades humanas tan profundas, que la costumbre se ha mantenido a través de todos los cambios de civilización y de religiones. Así la fiesta pagana de Yul pasó a las Navidades cristianas con toda la simbología de la luz propia de las celebraciones de invierno: las procesiones de farolillos (san Martín), las calabazas iluminadas por dentro (Halloween, un rito que hemos adoptado de los países anglosajones), la fiesta nórdica del 13 de diciembre (santa Lucía, cuando la hija más joven sirve el desayuno en la cama a sus padres y sus hermanos llevando sobre la cabeza una corona con velas encendidas), la orgía navideña de velas y bengalas de estrellitas, los castillos de fuegos artificiales a fin de año (san Silvestre).

También las fiestas de verano tienen sus ritos solares: las hogueras de san Juan, o las luces flotantes que se echan al agua en Salzburgo en la noche del solsticio, de modo que todo el río parece encendido en llamas. Otras culturas y religiones tienen celebraciones parecidas; entre las más espectaculares, los desfiles de farolillos japoneses, el Año Nuevo chino, y una fiesta japonesa de invierno en que los niños ocupan grandes iglúes de nieve iluminados interiormente.

Son muchas las ocasiones festivas en que interviene algún elemento luminoso para realzar la celebración o marcar su punto culminante. Pero también nuestra temática luz-sombra-color puede constituir el centro de interés en toda una jornada de celebración para el grupo. Son tres las sugerencias que damos seguidamente. Pueden variarse o ampliarse con otras actividades de las propuestas en este libro y con otros juegos más o menos adaptados a la oportunidad, como se prefiera y de modo que regocije y entretenga tanto a los niños de todas las edades como a los adultos.

Los juegos y las actividades se inscriben, por ejemplo, en forma de un recorrido por entre varias paradas o quioscos. Se formarán grupos de a dos o tres niños para que atiendan a cada tema. El punto culminante lo daría una atracción principal por la tarde, hacia el final de la jornada: la pequeña escenificación teatral, la hoguera de campamento, la excursión nocturna o el *rallye*. Se procurará que todos los participantes tengan oportunidad de llevarse a casa un recuerdo de la ocasión (premios, prendas, tómbola de manualidades).

También sería divertido que los participantes se presentasen disfrazados en consonancia con el tema ofrecido (trajes de dominó, camisetas «solares» amarillas, túnicas azul celeste o azul nocturno). Se especificará la propuesta en las invitaciones o en los carteles anunciadores.

Noche de sombras

Es tema para noches templadas de verano o tardes oscuras de invierno. Todo gira alrededor del contraste blanco-negro, oscuridad y sombras.

Juegos

- Actividades «a ciegas»: el juego del faro (página 20), lanzamientos, capturas, pintadas (páginas 58, 91, 98)
- Olimpíadas entre grupos formados a suertes, juegos de competición (páginas 58, 91, 98)
- Carrera de cirios encendidos (fijarlos sobre una bandeja de desayuno y correr hasta la meta procurando que no se apaguen)
- Piñata: con los ojos vendados, romper bolsas de papel colgadas de una cuerda o cazar rosquillas colgadas para comérselas
- Discoteca de niños con baile del candil: hacia el final de la función, uno de los niños entra llevando una vela o un farolillo que entregará a uno de los que bailan; éste continuará un rato y luego cederá la luz a otro, y así sucesivamente hasta vaciar la pista

Actividades

- Gigantes en la pared de la habitación (página 65)
- Peonzas en blanco y negro: montaje y demostración (página 10)
- Narración de historias nocturnas
- Taller de trabajo: confección de lámparas (página 40)
- Rincón de bricolaje: siluetas para ventanas (página 56) con tema asignado (animales, duendes, etc.)
- Galería de sombras (de fotos recortadas o siluetas, página 62), para que los padres traten de reconocer a sus hijos
- Taller de siluetas: los niños realizan retratos de los visitantes o pintan camisetas (mejor situarlo al comienzo, para que se hayan secado al término de la jornada, página 63)
- Vivero de sombras: una selección de plantas amantes de la oscuridad, presentadas en macetas y tarros (los líquenes en bandejas planas, helechos, etc.)
- Ronda misteriosa por los alrededores, eventualmente con linternas o antorchas; el recorrido se determinará de antemano y se asignará a los pequeños la misión de conducir a los grupos de visitantes que escudriñarán todos los rincones y escondrijos
- Con dos o tres parejas, concurso de comer cosas blancas y negras (yogur, tarta de chocolate; preparar servilletas y delantales)
- Teatrillo de sombras con personajes vivos o figuras recortadas (página 68).
- Botar velas flotantes en el agua de una alberca, estanque o piscina (página 97)
- Desfile de farolillos en el regreso a casa

Comidas y bebidas

Todo aquello que se alimenta del contraste entre lo claro y lo oscuro, como las tartas de capas superpuestas, y se presenta en bandejas y tarros transparentes:

- Un chocolate con nata; para los adultos un irlandés, o un café con nata y un chorro de *amaretto*
- Yogur o requesón recubierto de mermelada de frambuesa
- Galletas chocolateadas
- Tarta de chocolate y nata
- Chocolate blanco y oscuro
- Bocadillos de pan negro con queso de untar (se pueden sacar figuras con moldes de pastelería)
- Queso de Burgos con aceitunas negras
- Olla de judías negras (sobre una hoguera de campamento a ser posible)

Decoración

- A la entrada, *show* de luces (página 21)
- En verano, flores campestres blancas
- En invierno y con nieve, muñeco salpicado con tinta china
- Luces de jardín invernales (véase al respecto la página 42)
- Figuras en ventana y velas de té con sombras recortadas (véase la página 56, instalar de forma que no puedan caerse ni prender fuego)
- Proyección de sombras en paredes y ventanas; al exterior, también sobre pantallas de grandes lienzos tendidos

- Superficies reflectantes, esfera de discoteca (página 83)
- Al aire libre: hogueras de campamento, antorchas

La fiesta de la hora azul

El azul ejerce un mágico atractivo sobre muchas personas. En todas las encuestas resulta el color preferido, con diferencia. Sugiere tranquilidad, relajación, cosas ocultas, pero también apertura a las ideas y las experiencias nuevas. De ahí el lema elegido para esta fiesta. A fin de evitar un excesivo predominio del azul se aplicarán algunas manchas multicolores, que además lo realzan. Para los pequeños concretaremos el tema mediante una analogía material: el profundo océano, la atmósfera inmensa. En cuanto a posibilidades culinarias tropezamos con una cierta limitación ya que apenas existen alimentos de ese color, si prescindimos de colorantes artificiales. Así que consentiremos el lila.

Juegos

- Propuestas de «En el país del arco iris» (página 44)
- Concurso de pintura: cuadros en tonos azules sobre un motivo sencillo en formato de póster (nube, silueta de pez, mar con olas, etc.); para mayor dificultad y para diversión de los espectadores, imponer que debe pintarse con la izquierda, o con la boca, por ejemplo
- Concurso de puntería (página 101): pelotas de trapo empapadas de pintura azul contra la pared recubierta de papel (sobras de embalaje o del empapelado), o pistolas de agua cargadas de líquido coloreado con tinta azul; dibujar previamente la diana y tomar precauciones para que no se ponga perdido el entorno

Actividades

- Taller de arte: formar esculturas atando globos de distintos colores y exponerlas colgadas en los árboles o flotando sobre el agua (alberca o estanque de jardín)
- Construir peonza de colores (véase la página 10)
- Taller de farolillos sobre temática en tonos azules (vida en las profundidades del mar, espíritus del aire, flores de fantasía, véase la página 40)
- Confeccionar bolas de la amistad (página 55), intercambiarlas, llevarlas a casa y abrirlas allí
- Colorear flores: muchas flores blancas absorben los colores al ponerlas en un florero con agua teñida de tinta
- Que los niños representen pantomimas o cuadros vivientes sobre giros coloquiales en que intervenga el azul, y que los adultos traten de adivinar la frase correspondiente.
- Música azul: para los mayores montar eventualmente una pista de baile y poner *blues*
- Maquillaje azul, pinturas para el cuerpo y la cara
- Montar un laberinto mediante cuerdas de tender la ropa y sábanas azules
- Pintura tachista y *action painting* con papel y engrudo (véase la página 47); mezclar el engrudo para empapelar con pintura azul a la aguada, pintar el papel, pasar un peine de cartón (hacia el comienzo de la fiesta, para que las obras se hayan secado al final)
- Idear banderas de papel azul con lemas y escudos
- Teatrillo de sombras con fieltro azul sobre el foco (veinte mil leguas de viaje submarino, o visita al salón azul)
- Excursión o salida con linternas azules (para concluir)

Comidas y bebidas

- Adornar postres, bocadillos y ensaladas con vegetales comestibles azules (borraja, violetas, serpol)
- Flores azules englobadas en cubitos de hielo (para refrescos)
- Cócteles de zumos con adición de Curaçao azul (sin alcohol)
- Yogur al que se añadirá mermelada de arándanos o de frambuesas, batido de leche con

arándanos; postre de ciruelas azules o higos

- Tarta de berenjenas dejando algo de la piel lila

Decoración

- Pase de diapositivas con motivos azules
- Flores azules de campo y del jardín (borraja, tomillo, cardo, azulejo, espuela de caballero)
- Revestir lámparas con pantallas azules, farolillos de celofán azul, etc.
- Confeccionar carteles con todas las informaciones accesibles sobre el tema del azul (significado simbólico, fabricación del índigo, de las anilinas, etc., según edad de los niños); eventualmente realizar en tonos azules y exponer a modo de galería de arte

La fiesta del Sol

Juegos al aire libre, calor y refrescos son las notas distintivas de las fiestas de verano, que dedicaremos al Sol con el programa habitual añadiendo algunos motivos específicos del tema.

Juegos

- Danza de rayos solares (véase la página 30) y otros juegos de corro sobre tema solar
- Juegos de carrera y caza
- Bolera acuática: lanzamiento de globos amarillos llenos de agua sobre plano deslizante horizontal (película de plástico enjabonada)
- Teatro de sombras utilizando el sol en lugar de lámparas de luz artificial (página 60 y ss.)
- Competición por parejas (en traje de baño) a ver quién unta 10 cm de crema solar sobre su compañero en menos tiempo (debe quedar una película brillante uniforme)

Actividades

- Preparar lentes de agua grandes (página 22) para observaciones subacuáticas; ocultar premios sorpresa en la alberca o estanque
- Taller de moda: protecciones para el sol de verano (sombreros, gorros, túnicas, gafas, abanicos, quitasoles, véanse las páginas 30 y 34), seguido de desfile-presentación y reparto de pequeños premios a la creación más elegante o más útil
- Pompas de jabón, arco iris, figuras de alambre (páginas 49 y 50)
- Siluetas, retratos (páginas 62 y 63) aprovechando las sombras proyectadas por el sol
- Tender sábana a contraluz para teatro de sombras
- Jardín de verano: presentación de macetas o jardineras con plantas que necesitan mucho sol (girasoles, tomates, geranios, etc.)

Comidas y bebidas

Todas las de color amarillo, o redondas, o que se dejan al sol para secar:

- Bocadillo redondo con queso Cheddar amarillo
- Tartas con guarnición de frutas amarillas
- Galletas con nata y rodaja de naranja o medio albaricoque o melocotón en almíbar
- Macedonia de frutas servida en medio melón amarillo
- Pinchos de frutas servidos en medio melón
- Pastas secas con figuras de soles
- Puré de calabaza servido en media calabaza grande
- Arroz al curry o al azafrán
- Copa fantasía de helado, con vainilla, guindas y sombrilla
- Zumos y cócteles de frutas con predominio de lo amarillo
- Té al limón frío o caliente con rodaja de limón

Decoración

- Poster dibujado por los niños, con soles sonrientes, o los mismos recortados en papel amarillo para colgar en paredes y ventanas
- Girasoles, margaritas y otras flores amarillas o de aspecto solar flotando en bandejas con agua
- Paisaje con campamento de carpas y sombrillas amarillas, ambiente de merendero al aire libre
- Velas de té y cirios amarillos

Anexos

Direcciones

A fin de localizar museos de la Ciencia que dispongan de colecciones de instrumentos ópticos, cámara oscura, teatro de sombras, etc., se consultarán las guías ciudadanas, las «páginas amarillas» e Internet. Este último medio ofrece en algunos casos información o visita virtual sobre colecciones y programas de actividades educativas:

Museo Nacional de Ciencias Naturales (CSIC, Madrid)
http://www.mncn.csic.es/
Ciutat de les Arts i de les Ciències, Valencia
http://cac.es/
Museo de las Ciencias de Castilla-La Mancha
http://www.jccm.es/museociencias/
Parque de las Ciencias de Granada
http://www.parqueciencias.com/
KutxaEspacio de la Ciencia, San Sebastián
http://miramon.org/
Museo de la Ciencia y el Agua, Murcia
http://www.cienciayagua.org/
Museo de la Ciencia de Barcelona
http://www.lacaixa.es/fundacio/cas/equips/museu.htm
Museo Elder de la Ciencia y la Tecnología, Las Palmas de Gran Canaria
http:// www.museoelder.org/
Universum, Ciudad de México
http://www. universum.unam.mx/
Museo de la Luz, Ciudad de México
http:// serpiente.dgsca.unam.mx/museoluz/
Museo de La Plata
http://www.fcnym.unlp. edu.ar/
Museo Experimental de Ciencias, Rosario
http://ifir.edu.ar/~planetario
Museo de Ciencia y Tecnología de Mérida
http://mucyt.org.ve/VENTP.HTM

Bibliografía

- Bobber, Hans-Leo y otros, *Schattentheater Karagöz*, Frankfurt/Main 1983 (imágenes, textos y antecedentes sobre el teatro de sombras turco)
- Burnie, David, *Licht. Von den Sonnengöttern des Altertums bis zu Einsteins Quantentheorie des Lichts*, Hildesheim 1993 (sobre la luz, abundantemente ilustrado, con texto a nivel de escuela básica)
- Canacakis, Jorgos y otros, *Wir spielen mit unseren Schatten*, Reinbek 1986 (posibilidades terapéuticas del teatro de sombras con personajes vivos)
- Kraemer, Reinhard y Müller, Peter, *Das Schattentheater*, Karlsruhe 1994 (juegos y teatro de sombras con figuras)
- Reinhardt, Friedrich, *Schattenspiele für Kinder. Modelle mit Musik*, Munich 1984 (modelos de juegos, con guiones)
- Reiniger, Lotte, *Schattentheater, Schattenpuppen, Schattenfilm*, Tübingen 1981 (realizadora cinematográfica propone filmaciones con siluetas de figuras recortadas y sombras chinescas manuales)
- *Sehen, Licht und Farbe. Eine illustrierte Enzyklopädie*, Hamburg 1985 (8 tomos, fundamentos científicos de la visión, la luz y los colores)
- Taylor, Kim, *Start in die Wissenschaft: Licht*, Erlangen 1991 (introducción a la ciencia con experimentos sencillos, idóneos para niños)

Índice de propuestas

A = actividad; C = construcción; E = experimento; F = fiesta; J = juego; M = montaje o manualidad

La autora

Monika Krumbach, nacida en 1960 y oriunda de Erlangen, reside y trabaja en Nuremberg como autora, editora y traductora. Prefiere los temas relacionados con el medio ambiente y la naturaleza. La casa y el jardín son escenarios de los experimentos que inventa constantemente. Transmite sus ideas en cursillos, grupos infantiles así como publicaciones y libros para niños y adultos, siempre con el propósito de llamar la atención sobre lo elemental y de enseñar actividades que sean interesantes además de instructivas.

Títulos publicados:

1. Islas de relajación – Andrea Erkert
2. Niños que se quieren a sí mismos – Andrea Erkert
3. Jugando con almohadas – Annette Breucker
4. Juegos y ejercicios para estimular la psicomotricidad – Bettina Ried
5. Las religiones explicadas a los niños – Daniela Both y Bela Bingel
6. Aprender a estudiar – Ursula Rücker-Vennemann
7. El Islam explicado a los niños – Sybille Günther
8. Juegos y experimentos con el color, la luz y la sombra – Monika Krumbach